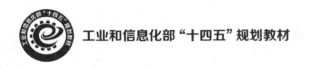 工业和信息化部"十四五"规划教材　　　　工业和信息化精品系列教材

基于 **Linux** 的 物联网应用开发基础 及项目实战

微课版

罗德安 夏林中 ◉ 主编

张松柏 张梁 叶青 ◉ 副主编

IOT APPLICATION DEVELOPMENT
BASED ON LINUX

人民邮电出版社

北 京

图书在版编目（CIP）数据

基于Linux的物联网应用开发基础及项目实战 ：微课版 / 罗德安，夏林中主编. -- 北京 ：人民邮电出版社，2023.8（2024.4重印）
工业和信息化精品系列教材
ISBN 978-7-115-61246-5

Ⅰ. ①基… Ⅱ. ①罗… ②夏… Ⅲ. ①物联网—程序设计—教材 Ⅳ. ①TP393.4②TP18

中国国家版本馆CIP数据核字（2023）第034971号

内 容 提 要

本书全面地介绍Linux操作系统基础知识及其在物联网、云计算等领域的实际应用。全书共8章，包括物联网应用开发基础及项目实战、Linux操作系统基础及项目实战、Linux编程基础及项目实战、Linux Java编程基础及项目实战、Linux云服务器开发基础及项目实战、嵌入式Linux基础及项目实战、嵌入式Linux应用开发实战和Linux物联网云服务器应用开发实战。本书每一章都包含与Linux相关的真实项目，注重读者项目开发能力和实战技能的培养，同时有利于院校开展以提升读者就业核心竞争力为目标的项目化和模块化教学。

本书既可以作为物联网相关专业学生的教材，也可以作为广大物联网爱好者的自学教材，还可以作为物联网应用开发者的参考用书及相关机构的培训教材。

◆ 主　　编　罗德安　夏林中
　　副 主 编　张松柏　张 梁　叶 青
　　责任编辑　鹿　征
　　责任印制　王　郁　焦志炜
◆ 人民邮电出版社出版发行　　北京市丰台区成寿寺路 11 号
　　邮编　100164　　电子邮件　315@ptpress.com.cn
　　网址　https://www.ptpress.com.cn
　　固安县铭成印刷有限公司印刷
◆ 开本：787×1092　1/16
　　印张：16　　　　　　　　　　2023 年 8 月第 1 版
　　字数：363 千字　　　　　　　2024 年 4 月河北第 2 次印刷

定价：59.80 元

读者服务热线：（010）81055256　印装质量热线：（010）81055316
反盗版热线：（010）81055315
广告经营许可证：京东市监广登字 20170147 号

前言 FOREWORD

以物联网、5G 和人工智能为代表的新一代信息技术发展迅速，我国信息通信技术（Information and Communications Technology，ICT）产业链、人才链和创新链所组成的新生态正快速成型，对人才培养提出新的技术技能要求。然而，我国的 ICT 产业发展及人才培养面临着三大痛点：产业井喷式人才需求与人才供给数量之间的矛盾；产业升级急需的新生态人才与院校供给人才无法"同频共振"；产业主流技术快速演进与院校课程的知识更新存在脱节现象。针对以上 ICT 产业发展及人才培养痛点，本书由既具备丰富的职业教育教学经验，又是华为认证 ICT 专家（Huawei Certified ICT Expert，HCIE）的"双师"型骨干教师联合 ICT 头部企业共同编写，以 Linux 操作系统在物联网、云计算等领域的实际应用作为主干内容，全面介绍 Linux 基础知识，并融入产业新技术和应用场景，使读者明白所学的知识会在产业的哪些真实开发场景中得到应用。

本书和课程建设依托深圳信息职业技术学院与华为技术有限公司共建的华为 ICT 学院和鲲鹏产业学院，每一个案例都融入以华为技术有限公司技术为代表的国产可控 ICT（如华为云平台、EulerOS 等），与业界新技术动态无缝接轨，以提升读者就业核心竞争力。

本书贯彻项目化、模块化和分层次因材施教的设计思路，从第 1 章开始，始终以合作企业——华为生态圈企业的实战项目贯穿教学全过程，而每一个项目又根据实际工作岗位、职责和能力要求细分为不同模块。例如，分别为物联网系统架构师、售前/售后技术支持、数据分析工程师、软件测试工程师、云平台系统运维工程师等岗位设置不同任务；围绕同一个基于 Linux 的物联网相关项目，模拟企业不同项目组之间的协同合作关系，对不同角色提出相应的目标，并进行技术分析和讲解。

本书与目前已有的同类图书相比，有以下创新之处。

（1）面向对象涵盖高职专科、高职本科以及应用型本科物联网相关专业学生。

（2）内容层次清晰，围绕相同的应用领域，本书将知识点和能力要求按高职专科、高职本科以及应用型本科进行细分（适合本科层次的内容标记*加以区分），使不同层次的读者都可以通过本书获取相应的知识和技能。

（3）与头部企业联合编写图书，全书各章以实战项目化的方式融入企业真实案例，同时培养读者的实战技能、职业素养和可持续发展能力。

（4）体现物联网中多项技术的交叉融合，教学案例能体现云计算、大数据、物联网等技术的落地应用。通过对不同层次技术的划分，高职专科、高职本科和应用型本科学生可以从不同的知识角度学习前沿技术。

（5）配套的线上、线下资源丰富，在线资源和实训室建设已同步进行，编者与华为公司及其生态圈企业合作提供对云实验及教学平台的支持，使得本书尤其适合用于展开混合式教学改革实践。

（6）编者的 Linux 实战经验丰富，全部具备企业研发经历，并且是物联网、云计算或大数据等领域的 HCIE，能够在保证本书的质量的同时使配套资源建设顺利展开。

本书第一主编作为具备 20 年经验的 Linux 开发者、15 年经验的 Linux 物联网及人工智能科研工作者、10 年经验的职业教育工作者以及云计算领域的 HCIE，2020 年成为华为技术有限公司特聘编写《移动应用开发（中级）》的总负责人及编委会主任，深入了解 Linux 知识技能在物联网及通信行业中的应用和新动态，能将丰富的案例融入教材内容中。同时，本书第一主编作为深圳信息职业技术学院筹建物联网应用技术专业的首任教研室主任和现任信息与通信学院分管产教融合的副院长，站在专业规划和发展的高度，与 ICT 主流企业紧密合作，联合编写适用于 ICT 相关专业高职专科、高职本科及应用型本科学生的多层次项目化教材。

本书编写过程中得到了华为技术有限公司及深圳市讯方通信技术有限公司的大力支持，在此表示感谢。本书编者本着科学严谨态度，对所有章节内容及每一个案例都进行了严格的审核并更新，但本书融合了新技术的案例，难免存在疏漏之处，敬请广大读者批评指正。

编者

2023 年 4 月

目录 CONTENTS

第1章

物联网应用开发基础及项目实战

01

【知识目标】

1. 了解物联网的概念。
2. 了解物联网工程技术的特点。
3. 了解物联网工程的主流技术。
4. 了解物联网操作系统。

【技能目标】

1. 掌握物联网云服务器的应用方法。
2. 具备物联网工程的系统性知识。
3. 掌握华为物联网云服务器的搭建方法。

【素养目标】

1. 培养良好的思想政治素质和职业道德。
2. 培养爱岗敬业、吃苦耐劳的品质。
3. 培养热爱学习、学以致用的作风。

【项目概述】

如图 1-1 所示，物联网（Internet of Things，IoT）系统中存在大量的传感器等设备（如无线节点），这些设备间的数据交互需要由网络传输来实现。同时，为了实现网络的统一管理及访问接口标准的统一，便于用户通过手机和个人计算机（Personal Computer，PC）进行远程访问，通常会设立物联网云服务器托管物联网设备并汇总处理各传感器的数据。为了获得更高的数据安全性及收益，行业内通常采用专业的云平台搭建物联网云服务器。

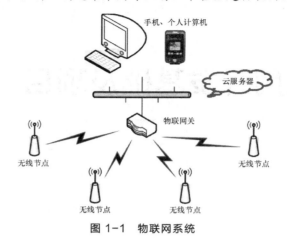

图 1-1　物联网系统

【思维导图】

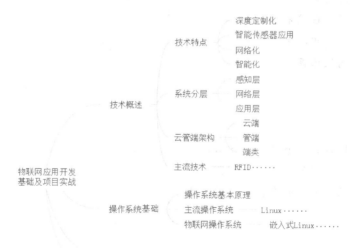

【知识准备】

2010 年 10 月 10 日，《国务院关于加快培育和发展战略性新兴产业的决定》文件出台，物联网作为新一代信息技术中的重要一项被列入其中。这标志着物联网被正式列为国家重点发展的战略性新兴产业，对促进我国物联网的发展具有里程碑式的意义。

物联网是综合计算机系统和互联网技术发展而来的系统性工程。物联网系统本身就是计算机系统，但有别于人们日常使用的计算机系统，它是根据软、硬件实际需求，综合考虑成本、功耗和可靠性等因素定制的计算机系统。

要学好物联网专业的相关课程，读者需先了解物联网工程的技术、物联网操作系统的特点、物联网云服务器的作用及搭建方法等。

1.1 物联网工程的技术

互联网拉近了人与人之间的沟通距离，而物联网在互联网的基础上可实现"万物互联"。在理想的物联网世界中，每个物体均可通过有线或无线网络实现长、短距离的互联互通，每个物体均可受人工干预或智能化的自动控制。

1.1.1 物联网工程技术的特点

物联网也是一门交叉学科，涉及计算机、电子技术、通信技术、综合工程管理等多方面知识。物联网系统与常用的计算机系统具有较大的差异，具体表现如下。

1. 深度定制化

物联网系统的应用场合众多，系统组成无法一概而论，只能根据项目应用场合，综合考虑产品成本、可靠性、性能需求、功耗等方面，针对实际用途定制整个物联网系统的软、硬件。

2. 智能传感器应用

在物联网系统中，大量的传感器为物联网提供原始的物理数据信息，各种物联网传感器如图 1-2 所示。因传感器的功能差异、数据表现形式及电路接口的不统一，开发者需要学习各种传感器的工作原理。

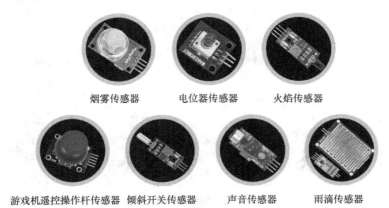

烟雾传感器　　　　电位器传感器　　　　火焰传感器

游戏机遥控操作杆传感器　倾斜开关传感器　　声音传感器　　雨滴传感器

图 1-2　各种物联网传感器

3. 网络化

如图 1-1 所示，在物联网系统中，所有设备都通过网络紧密联系，协同工作。设备的数据由网络传输后最终呈现于用户程序上，用户可通过网络控制各个设备。

4. 智能化

物联网系统的作用并不是单纯地采集并反馈数据，而是在采集数据的基础上，系统自动根据设定的算法对数据进行加工处理，并根据处理后得到的结果对相应的设备进行智能化的自动控制。

1.1.2　物联网系统分层

如图 1-3 所示，物联网系统根据各部分承担和实现的功能不同可划分为感知层、网络层和应用层。

1. 感知层

感知层是物联网系统的核心，是数据采集的关键。进行数据采集时，物联网系统主要通过各种不同类型以及不同功能的传感器获取各种物理数据，相当于人类通过五官获取外部世界的信息，并对这些信息进行分析和识别。

2. 网络层

网络层是物联网系统中连接感知层及应用层的"桥梁"，负责将感知层采集到的数据准确、可靠地传输到应用层，应用层会根据不同应用需求进行数据处理。

3. 应用层

应用层是物联网 3 层结构中的最顶层，对从网络层传输来的数据进行加工处理，并呈现数据处理结果供用户决策，或由系统算法对相应的设备进行自动控制。

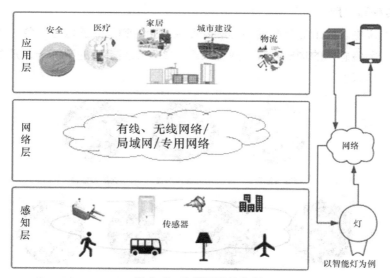

图 1-3　物联网系统分层

1.1.3　物联网系统云管端架构

在实际开发应用中，物联网系统通常采用云管端架构，如图 1-4 所示。

1. 云端

云端是物联网系统的云服务器，用于汇集、管理并存储来自物联网终端通过网络层传输来的传感器数据，向用户提供统一的数据访问接口，并通过网络进一步支持基于传感器数据的物联网应用。

2. 管端

管端基于云端提供的传感器数据，根据不同的行业应用，向用户提供统一的访问和控制界面，负责向用户呈现汇集处理的各种传感器数据，并把用户的物联网设备控制命令提交到云端。

3. 端类

端类是指物联网设备终端，负责通过传感器收集数据并向云端提供处理后的传感器数据，接收云端下发的控制命令，根据命令控制硬件的工作状态。

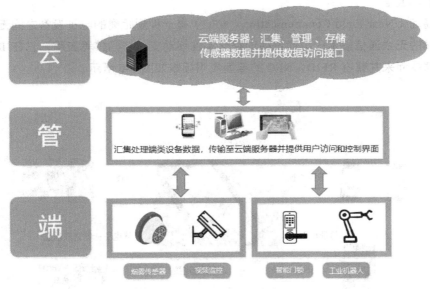

图 1-4　物联网系统云管端架构

1.1.4　物联网工程的主流技术

物联网工程的系统方案众多，其主流技术可按传输介质不同分为有线通信技术和无线通信技术，其中无线通信技术应用较为广泛。而无线通信技术按传输距离的远近又可分为短距离无线通信技术和远距离无线通信技术。

1. 主流的短距离无线通信技术

（1）射频识别

射频识别（Radio Frequency Identification，RFID）是一种利用射频信号在空间耦合实现无接触的电子标签信息传输，并通过所传输的信息自动识别目标对象的技术。RFID 的应用包括电子不停车收费（Electronic Toll Collection，ETC）、集装箱识别、商业零售目标货物管理、物流跟踪溯源等。图 1-5 展示的是 RFID 的仓管应用。

图 1-5　RFID 的仓管应用

（2）近场通信

近场通信（Near Field Communication，NFC）是一种短距离的电子设备之间无接触点对点数据传输的无线通信技术，可通过移动终端实现移动支付、门禁等应用。它在 RFID 技术的基础上演变而来并兼容 RFID。NFC 的典型应用场景如图 1-6 所示。

图 1-6　NFC 的典型应用场景

（3）蓝牙

蓝牙（Bluetooth）是一种低功耗、短距离无线通信技术，广泛应用于对数据传输速率要求不高的物联网设备中，可在设备间实现安全、可靠、灵活、低成本的数据和语音通信。蓝牙支持点对点和网状式的网络通信。蓝牙的典型应用场景如图 1-7 所示。

（4）Wi-Fi

Wi-Fi 是一种基于 IEEE 802.11 标准的无线

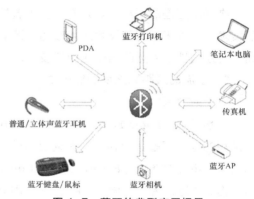

图 1-7　蓝牙的典型应用场景

局域网技术，设备可在无线路由器信号覆盖范围内通过无线接入的方式访问网络。Wi-Fi 具有数据传输速率高、安全、可靠等优点，但功耗相对较高。Wi-Fi 的典型应用场景如图 1-8 所示。

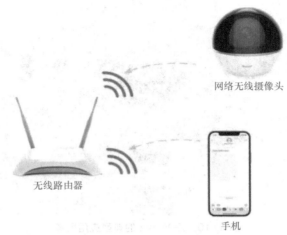

图 1-8　Wi-Fi 的典型应用场景

（5）ZigBee

ZigBee 是无线物联网中的热门技术之一，具有成本低、可靠性高、功耗低、可自动组网和便于维护等优点，常应用在多网络节点的智能设备上。ZigBee 网络设备的工作示意如图 1-9 所示。

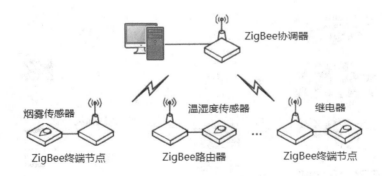

图 1-9　ZigBee 网络设备的工作示意

（6）Z-Wave

Z-Wave 是一种新兴的基于射频、低成本、低功耗、高可靠、适用于无线网络短距离通信的技术。它是一种专为监控住宅环境而设计的无线技术，适用于智能家居产品。与其他无线技术相比，Z-Wave 拥有较低的传输频率、较远的传输距离和较低的价格等优势。Z-Wave 的典型应用场景如图 1-10 所示。

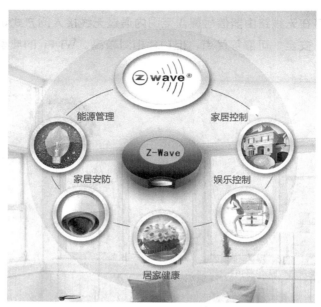

图 1-10 Z-Wave 的典型应用场景

2. 主流的远距离无线通信技术

（1）LoRa

LoRa 是一种基于蜂窝网络的远距离无线通信技术，具有传输距离远、成本低、系统容量大等优点，适用于要处理大量远距离连接及定位跟踪等的物联网应用。LoRa 的典型应用场景如图 1-11 所示。

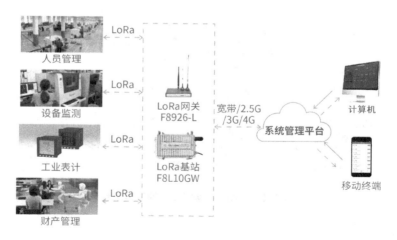

图 1-11 LoRa 的典型应用场景

（2）NB-IoT

NB-IoT 和 LoRa 一样也是一种基于蜂窝网络的通信技术，其适用于对网络连接要求较高、待机时间较长的物联网系统，但需要电信运营商的支持，成本较高。NB-IoT 的典型应用场景如图 1-12 所示。

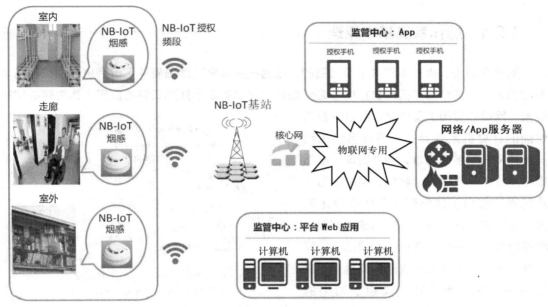

图 1-12　NB-IoT 的典型应用场景

表 1-1 对物联网工程主流技术的特点，如工作频段、最大传输距离、传输速率、功耗以及是否采用蜂窝技术等进行了总结。

表 1-1　物联网工程主流技术的特点

物联网工程主流技术	工作频段	最大传输距离	传输速率	功耗	是否采用蜂窝技术
RFID	低频（125k～134kHz） 高频（13.56MHz） 超高频（860M～960MHz）	20m	10kbit/s	低	否
NFC	13.56MHz	20cm	424kbit/s	低	否
蓝牙	2.402G～2.483GHz	10m	1Mbit/s	低	否
Wi-Fi	2.4GHz/5.0GHz	300m	54M～500Mbit/s	高	否
ZigBee	2.4G～2.4835GHz	100m	250kbit/s	低	否
Z-Wave	868.42M～908.42MHz	40m	9.6k～40kbit/s	低	否
LoRa	410M～441MHz	15km	100kbit/s	高	是
NB-IoT	800M～2100MHz	15km	70kbit/s	高	是

1.2　操作系统基础

本节将介绍操作系统基本原理及主流操作系统，其中着重介绍 Linux 操作系统及其发行版本，还将介绍物联网操作系统的特点和用途。

1.2.1　操作系统基本原理

对程序来说，操作系统并不是必需的，因为程序本身就是由硬件可识别执行的机器指令组成的。但当多个程序同时执行时，必须由程序开发者自己处理资源的复用（如内存的加载位置、网口的复用）及冲突，所以一般高性能的计算机系统会引入操作系统来统一管理及分配系统的软、硬件资源。虽然操作系统本身就是一个程序，但是它为一般的程序提供了执行环境和所需资源的分配及回收处理，并把不同的硬件归类，将其封装成统一的标准化调用接口，让程序开发者无须关注系统层面的问题，而只需专注程序本身的功能实现。常用的Linux 操作系统的架构如图 1-13 所示。

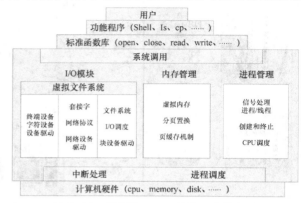

图 1-13　常用的 Linux 操作系统的架构

1.2.2　主流操作系统

目前，操作系统种类繁多，在计算机上应用较多的操作系统有以下几类。

1. Windows 操作系统

Windows 操作系统具有非常便于操作的人性化图形界面，拥有良好的统一操作界面，系统内置各种常用的应用软件，操作简单，对软、硬件的兼容性较好，系统稳定性好。但 Windows 操作系统并不开放源码，系统漏洞容易被黑客利用，易受病毒的攻击。此外，Windows 操作系统并不是免费的，使用的成本较高。Windows 操作系统从 16 位、32 位发展到 64 位，包括 Windows XP、Windows Vista、Windows 7、Windows 8 和 Windows 10 等。图 1-14 所示为 Windows 10 操作系统的界面。

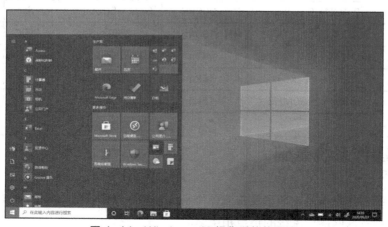

图 1-14　Windows 10 操作系统的界面

2．UNIX 操作系统

UNIX 操作系统是较早出现的操作系统之一，具有多任务、多用户并行处理能力，安全保护机制强，集成强大的网络通信功能、集群和分布式计算，常应用于网络服务器和大型的工业设备中。UNIX 操作系统开放源码，用户可自行定制系统，但大多数 UNIX 操作系统在商用领域是需要收费的，且价格偏高，导致 UNIX 操作系统在个人用户领域并不十分流行。UNIX 操作系统的派生版本主要有 HP-UX、FreeBSD、macOS、GNU/Linux 等。图 1-15 所示为 FreeBSD 操作系统的界面。

3．Linux 操作系统

Linux 操作系统是从 UNIX 操作系统派生而来的，继承了 UNIX 操作系统的诸多优点并弥补了 UNIX 操作系统的缺陷。严格来讲，Linux 不算是操作系统，而是操作系统的内核，即计算机应用软件与硬件间的平台。Linux 的全称是 GNU/Linux，只有具有 Linux 内核及各种应用软件的系统才算是真正意义上的 Linux 操作系统。Linux 操作系统是一种自由和开放源码的优秀操作系统，是互联网服务器操作系统的最佳选择。Linux 操作系统的发行版本有 Ubuntu、RedHat、CentOS、Fedora 和中标麒麟等。其中，Ubuntu 桌面版是全球流行的操作系统，适用于日常办公和应用程序开发；RedHat 系列（包括 CentOS）是目前主流的服务器操作系统，其追求性能稳定和丰富的服务器支持功能。图 1-16 所示为 Ubuntu 操作系统的界面。Linux 操作系统具有开源、稳定、安全、与时俱进等特性，它获得了全球广大开发者的支持和拥护，是云计算、大数据、物联网、人工智能等当今信息技术主流领域的首选操作系统，因此，本书着重介绍 Linux 操作系统的开发基础和应用实战，提升读者基于 Linux 操作系统的应用开发技能水平和就业竞争力。

图 1-15　FreeBSD 操作系统的界面

图 1-16　Ubuntu 操作系统的界面

4．macOS

macOS 是苹果公司专为它的计算机产品设计的一种操作系统，以简单易用和稳定可靠著称。macOS 具有高质量的图形操作界面，但它是封闭式的系统，且只能运行于苹果公司生产的计算机。macOS 的界面如图 1-17 所示。

图 1-17　macOS 的界面

※1.2.3　物联网操作系统

物联网系统的硬件配置五花八门，不同的应用场景差异非常大，从工作时钟频率为 12MHz 的低端单片机，到工作时钟频率达 2GHz 的高端智能设备。传统的、通用的操作系统无法适配多样的硬件环境，因此引入了物联网专用的操作系统。编程人员在设计物联网操作系统时充分考虑了这种灵活的硬件需求，通过合理的架构设计，使操作系统本身具有很强的适配性，从而屏蔽硬件不同导致的差异性，提供统一的编程接口及编程环境。

常见的物联网操作系统有以下几种。

1. μC/OS 操作系统

μC/OS 操作系统是一种结构简单、开放源码、系统可裁剪、抢占式的小型实时操作系统，主要用于小型的物联网系统，具有执行效率高、占用空间小、可移植性强等优点，最多可支持 64 个并行执行的进程，支持大多数的嵌入式微处理。μC/OS-Ⅱ 操作系统的架构如图 1-18 所示。

2. 嵌入式 Linux 操作系统

嵌入式 Linux 操作系统是以 Linux 操作系统为基础，根据实际需求进行软、硬件裁剪及修改，能在物联网设备上执行的操作系统。Linux 是跨平台的操作系统，代码完全开放，且支持许多应用软件，产品开发周期短，主要用于大中型的物联网系统。嵌入式 Linux 操作系统的架构如图 1-19 所示。

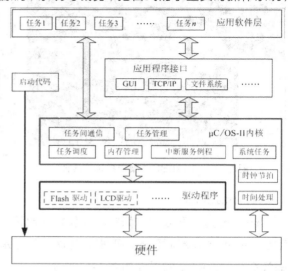

图 1-18　μC/OS-Ⅱ 操作系统的架构

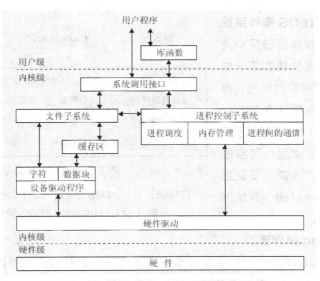

图 1-19 嵌入式 Linux 操作系统的架构

3. Android 操作系统

Android 操作系统是基于 Linux 内核的开源操作系统,是便携式移动设备的主流操作系统之一。Android 操作系统最初服务于手机领域,由于其全面的计算服务和丰富的功能支持,应用领域不断扩大,早已超出手机领域范畴,例如高端的智能手表、智能电视等也采用 Android 操作系统。Android 操作系统的架构如图 1-20 所示。

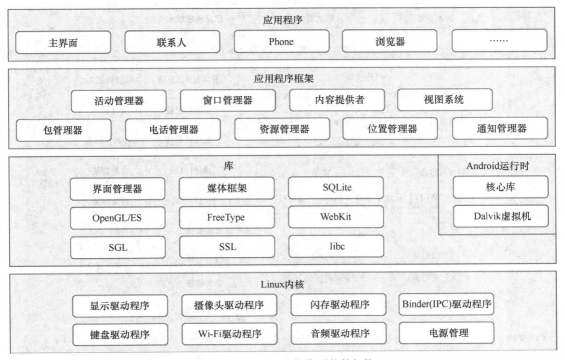

图 1-20 Android 操作系统的架构

4. Huawei LiteOS 操作系统

Huawei LiteOS 操作系统是华为公司面向物联网领域构建的统一物联网操作系统和中间件软件平台，具有轻量级、低功耗、互联互通、安全、可靠等优点。Huawei LiteOS 操作系统目前主要应用于智能家居、可穿戴设备、车联网、智能抄表、工业互联网等。Huawei LiteOS 操作系统的架构如图 1-21 所示。

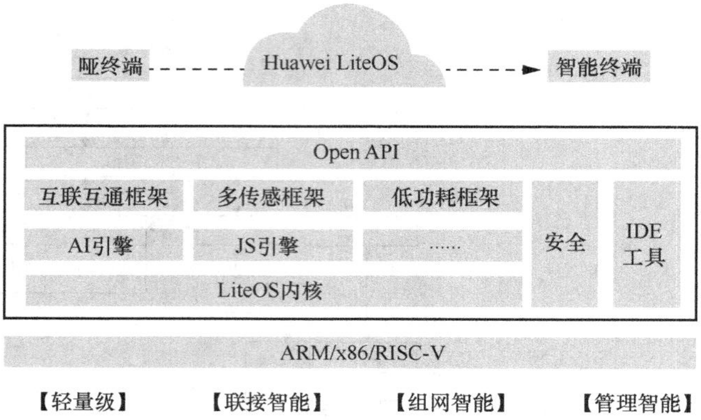

图 1-21　Huawei LiteOS 操作系统的架构

5. RT-Thread 操作系统

RT-Thread 操作系统是一种由中国开源社区主导开发的开源实时操作系统，具有极小内核、稳定可靠、简单易用、高度可伸缩、组件丰富等特点。RT-Thread 操作系统拥有一个国内较大的嵌入式开源社区，同时被广泛应用于能源、车载、医疗、消费电子等多个行业，累计装机量达数千万台，成为国人自主开发、国内最成熟稳定和装机量最大的开源实时操作系统之一。RT-Thread 操作系统的架构如图 1-22 所示。

图 1-22　RT-Thread 操作系统的架构

1.3 项目实施

工欲善其事，必先利其器。物联网系统在应用开发中采用云管端架构，因此搭建可靠稳定的物联网云服务器非常关键。这里选择云服务行业的佼佼者——华为云平台进行介绍。华为云平台除了提供物联网云服务器，还集成了设备管理端，便于管理及维护物联网设备的各种数据。

1.3.1 华为物联网云服务器的搭建

步骤 1 在华为云平台上进行注册

在浏览器中访问华为云平台官方网站，如图 1-23 所示。

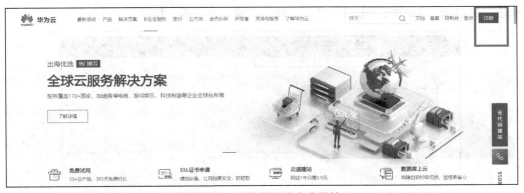

图 1-23 华为云平台官方网站

还没有在华为云平台上注册的用户可单击"注册"按钮，在进入的页面中按要求输入内容进行注册，并根据要求进行实名认证。注册完成并登录后，页面会提示账号已实名认证信息，如图 1-24 所示。

图 1-24 华为云平台的实名认证

步骤 2 进入 IoTDA 服务

在图 1-24 所示页面的左上角选择"控制台"选项，进入华为云平台的控制台页面，如图 1-25 所示。

图 1-25　华为云平台的控制台页面

在图 1-25 所示页面中，先选择"服务列表"选项，在弹出的列表中找到物联网相关服务，再单击"设备接入 IoTDA"按钮，进入创建和管理设备页面，如图 1-26 所示。

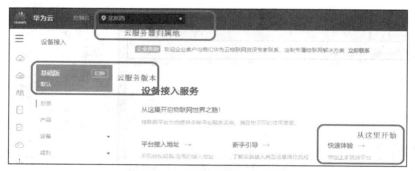

图 1-26　创建和管理设备页面

步骤 3　创建物联网产品

华为物联网云服务器的版本有基础版、标准版和企业版，不同版本的差异基本上表现为可接入的设备个数及数据流量的限制不同。对于学习及测试来说，使用免费的基础版即可。

云服务器的归属地不可以随便选择，因为不是所有的云服务器都会提供基础版，这里使用默认的"北京四"云服务器归属地即可。

在图 1-26 所示页面中单击"快速体验"按钮，进入设备体验页面，如图 1-27 所示。

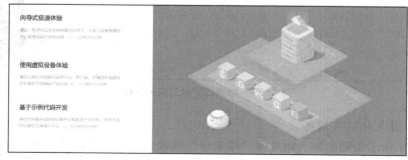

图 1-27　设备体验页面

单击"向导式极速体验"按钮，进入产品定义页面，如图 1-28 所示。

图 1-28　产品定义页面

"产品名称"可以自定义，这里命名为"MySmoker"。"设备类型"固定为"smokeDetector"，表示增加的产品为烟雾传感器，它可以提供温度、湿度、烟雾浓度数据及报警器功能。需要注意的是，这里仅仅表示会有一个烟雾传感器，它会通过网络提交各种传感器数据到此云服务器以处理这些数据，并接收及响应云服务器下发的控制命令，而真实的传感器数据需要由实际的物联网设备终端提交。

单击"创建产品"按钮，进入注册设备页面，如图 1-29 所示。

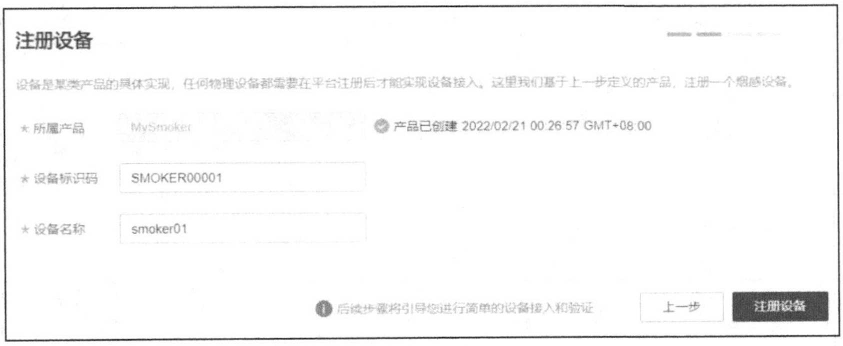

图 1-29　注册设备页面

步骤 4　创建物联网设备
设备标识码及设备名称可以自定义，只要不与现有设备冲突即可。

单击图 1-29 所示页面右下角的"注册设备"按钮，进入选择设备演示包页面，如图 1-30 所示。

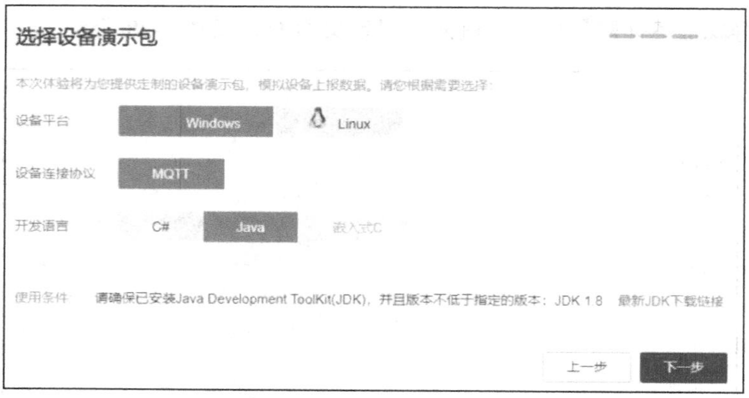

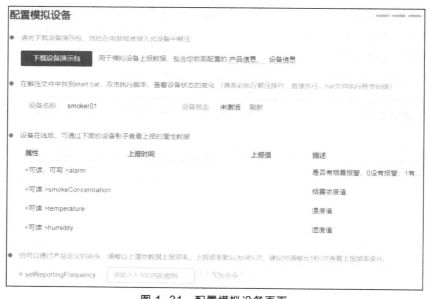

图 1-30　选择设备演示包页面

正如上述步骤所提及的，云服务器用于管理物联网设备的数据，而数据是由物联网设备终端提交的。目前，初学者尚没有开发物联网产品的能力，所以这一步骤的作用是提供一台模拟设备，以模拟烟雾传感器通过网络提交数据。

"设备平台"是指模拟设备工作时所用的代码在哪种操作系统中执行，这里选择 Windows 操作系统。"设备连接协议"是指物联网设备通过网络提交的数据的格式，这里固定使用消息队列遥测传输（Message Queuing Telemetry Transport，MQTT）通信协议。"开发语言"是指模拟设备工作时所用的代码是由哪种语言编写的，这里选择 Java 语言。以上设置配置完成后，单击"下一步"按钮，进入配置模拟设备页面，如图 1-31 所示。

图 1-31　配置模拟设备页面

在此页面中单击"下载设备演示包"按钮，下载模拟设备上报数据的源码包。此源码包编译出的程序执行后，模拟设备会自动连接云服务器并上报随机产生的温度、湿度、烟雾浓度等数据。

当模拟设备未连接云服务器时，其处于"未激活"状态；当模拟设备连接云服务器时，其处于"在线"状态；当模拟设备断开与云服务器的连接时，其处于"不在线"状态。

在此页面中还可以从云服务器下发命令到模拟设备中，从而控制模拟设备上报数据的频率，默认每隔 10s 上报一次数据。

※1.3.2　华为物联网云服务器与模拟设备的通信

V1-2　华为物联网云服务器与模拟设备的通信

步骤 1　进入华为云物联网设备页面

关闭配置模拟设备页面或重新登录华为云平台后，可以继续使用已添加的设备，而不用重新加入。所有设备页面的入口如图 1-32 所示。

图 1-32　所有设备页面的入口

在图 1-32 所示页面中选择"所有设备"选项，可以查看现有设备。设备处于"未激活"状态，表示当前模拟设备没有通过网络提交数据，只要模拟设备的程序开始执行，页面就会显示"在线"状态。选择"查看"选项，进入设备详情页面，如图 1-33 所示。

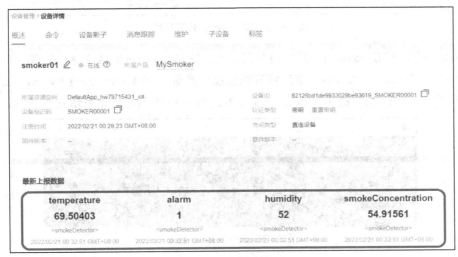

图 1-33　设备详情页面

步骤 2　配置 Java 开发环境

因为模拟设备的代码是使用 Java 语言编写的，所以需要在 Windows 操作系统中搭建 Java 开发环境，以便于编译执行此模拟设备的代码。

如果操作系统中没有 Java 开发环境，则可通过 Oracle 官方网站下的 Java 页面下载安装包。进入下载页面后，通过移动右边的滚动条向下找到 jdk-17_windows-x64_bin.exe 并进行下载，如图 1-34 所示，x64 表示其是在 64 位的操作系统中使用的，下载前需要确认当前操作系统是否为 64 位的操作系统。

图 1-34　下载页面

完成下载后，安装包默认存放在操作系统的"下载"目录中，进入目录后，右击此安装包，在打开的快捷菜单中选择"以管理员身份运行"，如图 1-35 所示。

图 1-35　安装 Java 开发环境

安装完毕后，确认 Java 的开发环境是否正常。按 Windows+R 组合键，在弹出的"运行"对话框中输入"cmd"，按 Enter 键后打开磁盘操作系统（Disk Operating System，DOS）窗口，执行"java -version"命令，查看 Java 版本，图 1-36 所示的结果表示安装正常。

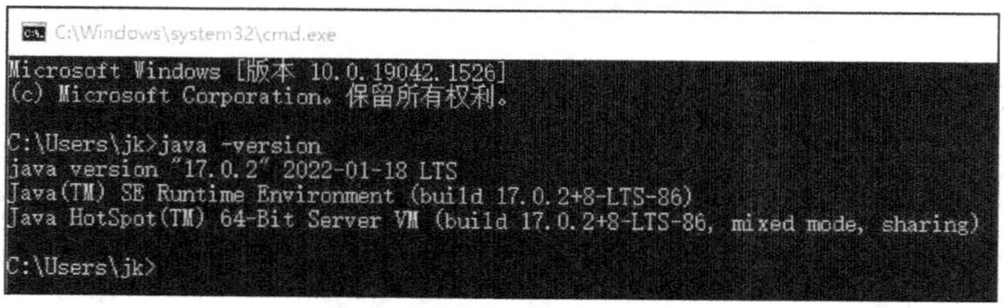

图 1-36　查看 Java 版本

步骤 3　执行模拟设备代码

打开 DOS 窗口后，如图 1-37 所示，先执行命令 1，进入下载目录，再执行命令 2，进入 huaweicloud-iot-device-quickstart 子目录，最后执行命令 3，编译模拟设备的代码并启动模拟程序。

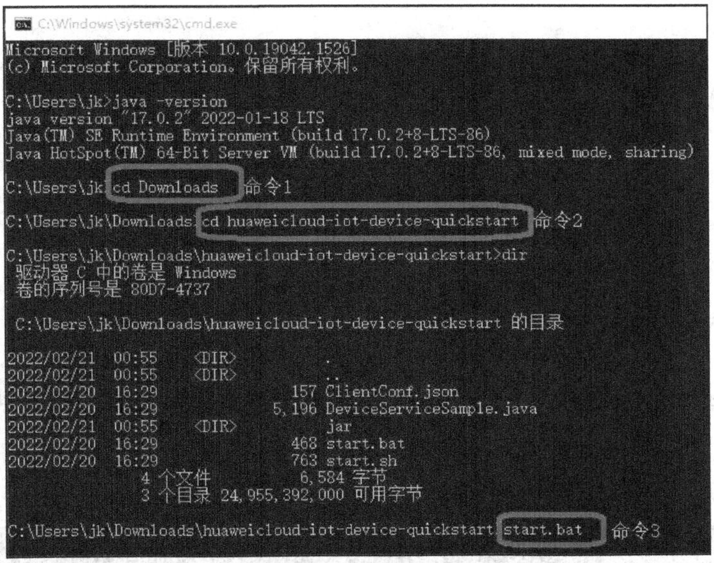

图 1-37　DOS 窗口

在 DOS 窗口中仔细观察模拟程序的输出，该程序会每隔 10s 自动向云服务器提交模拟设备运行信息，如烟雾浓度、湿度、温度等随机数据，如图 1-38 所示。

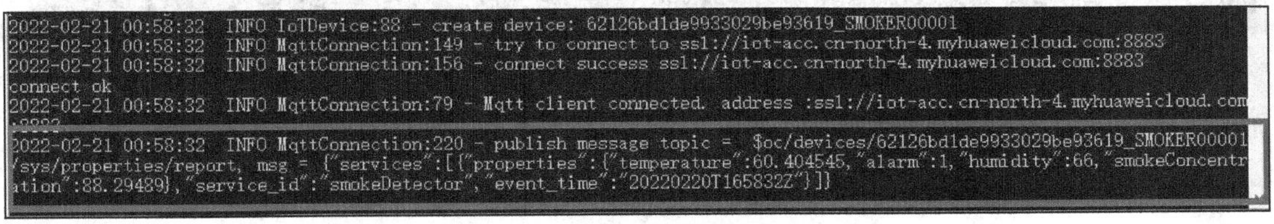

图 1-38　模拟设备运行信息

提交的信息中有指定的设备 ID 及设备标识码、温度、警报、湿度、烟雾浓度等数据。在图 1-33 所示页面中可看到云服务器接收到的数据信息，由于此页面自动刷新时间间隔较长，可以手动刷新。

步骤 4　云服务器下发命令

在图 1-33 所示页面顶部选择"命令"选项，进入同步命令下发页面，如图 1-39 所示。

图 1-39　同步命令下发页面

根据提示信息，MQTT 通信协议只能使用同步命令下发，单击"命令下发"按钮即可进入下发命令的输入页面，如图 1-40 所示。

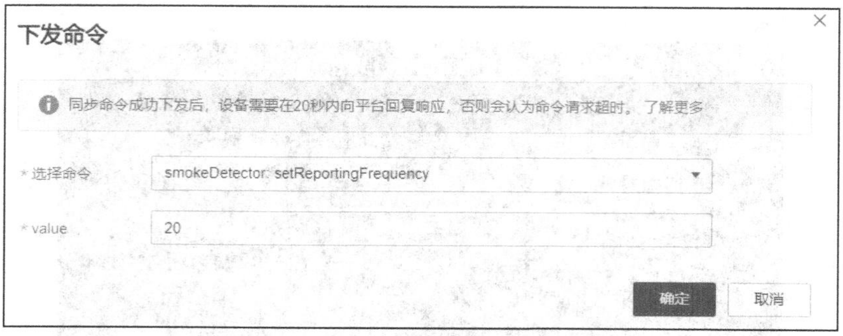

图 1-40　下发命令的输入页面

在"选择命令"下拉列表中选择"smokeDetector: setReportingFrequency"选项，在"value"文本框中输入"20"，单击"确定"按钮下发命令，模拟设备程序会接收到相应的命令值，如图 1-41 所示。

图 1-41　模拟设备程序接收到的命令值

【知识总结】

1. 根据本章的目标，首先学习了物联网工程技术的特点、物联网系统分层及物联网系统云管端架构；然后了解了物联网工程的主流技术、操作系统基础等。

2. 在学习了这些基础知识之后，对物联网工程的系统结构及技术特点有了基本的认识，并学习了在华为云平台上搭建物联网云服务器的操作方法，为后续物联网系统的开发工作奠定了坚实的基础。

【知识巩固】

一、选择题

1. 物联网系统由（　　　）与（　　　）技术结合而成。

A. 物体与联网

B. 物理与网络

C. 计算机系统与互联网

D. 以上都不是

2. 在物联网系统分层中，感知层的作用是（　　　）。

A. 收发网络数据

B. 采集传感器信息

C. 算法处理

D. 以上都不是

3．在物联网系统的云管端架构中，（　　　）负责汇集、管理并存储来自物联网终端通过网络层传输来的传感器数据，并向用户提供统一的数据访问接口。

A．云端　　　　　　B．管端　　　　　　C．端类　　　　　　D．以上都是

4．利用射频信号在空间耦合实现无接触的电子标签信息传输，并通过所传输的信息自动识别目标对象的物联网技术是（　　　）。

A．ZigBee　　　　　B．Wi-Fi　　　　　C．RFID　　　　　D．LoRa

5．以下关于操作系统的说法有误的是（　　　）。

A．管理内存的使用　　　　　　　　B．操作系统也是一个程序

C．操作统一调用接口　　　　　　　D．所有物联网系统都需要运行操作系统

二、填空题

1．物联网工程的主要技术特点有_____、_____、_____和_____。

2．物联网系统可分层为_____、_____和_____。

3．列举出 4 个物联网工程的主流技术：_____、_____、_____和_____。

4．列举出 4 种主流的操作系统：_____、_____、_____和_____。

三、简答题

1．物联网系统与通用计算机系统有什么区别？

2．操作系统到底有什么作用？

3．请分别说明物联网系统分层的感知层、网络层和应用层的作用。

【拓展任务】

通过华为云平台上的帮助文档，自定义一种智能家居产品，该产品除了可以提供温度、湿度数据，还可以通过网络控制照明灯。

第2章
Linux操作系统基础及项目实战

02

【知识目标】

1. 学习并了解 Linux 操作系统。
2. 了解 Linux 操作系统的发行版本及其特点。
3. 了解 Linux 操作系统在物联网、云计算及人工智能中的应用。
4. 掌握 Linux 操作系统的安装与配置。

【技能目标】

1. 掌握虚拟机的使用方法。
2. 具备 Linux 操作系统的安装及管理的相关知识。
3. 掌握在 Linux 操作系统中搭建物联网开发环境的方法。

【素养目标】

1. 培养良好的思想政治素质和职业道德。
2. 培养爱岗敬业、吃苦耐劳的品质。
3. 培养热爱学习、学以致用的作风。

【项目概述】

在性能强大、功能复杂的物联网系统中，通常运行着操作系统，它负责统一分配物联网系统的软、硬件资源，提高物联网系统的资源利用率和吞吐量，并为应用程序提供统一的接口，大大提高应用程序的开发效率。Linux 操作系统具有开源、稳定、安全、与时俱进等特性，并能根据实际需求进行裁剪及修改，是物联网系统各个层面的首选操作系统之一。Linux 操作系统的标志如图 2-1 所示。

在第 1 章中已经搭建了华为物联网云服务器，为了后续物联网设备终端的开发，充分发挥 Linux 操作系统的优势，学习 Linux 操作系统的安装及物联网开发环境的搭建是尤为重要的。

图 2-1　Linux 操作系统的标志

【思维导图】

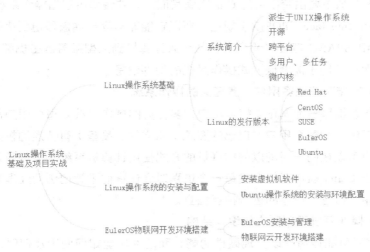

【知识准备】

在众多的操作系统中，Linux 操作系统之所以能够脱颖而出，成为广泛流行的操作系统之一，是因为它在许多方面具备突出的技术特点。因为 Linux 操作系统具有开放性，所以出现了众多针对不同应用场合的发行版本。读者只有了解不同发行版本的特点，才能挑选出最适合使用的版本。为了降低学习门槛，本章在 Windows 操作系统中采用虚拟机安装 Ubuntu 和 EulerOS，并在 EulerOS 中配置物联网开发环境。

2.1　Linux 操作系统基础

在使用 Linux 操作系统前，了解 Linux 操作系统的特点及其主流发行版本间的差异，将有助于掌握 Linux 操作系统的应用开发技术。

2.1.1　Linux 操作系统简介

1. Linux 操作系统派生于 UNIX 操作系统

Linux 操作系统继承于可靠和高效的 UNIX 操作系统，但 Linux 操作系统并不使用任何版本的 UNIX 操作系统的源码，而是重新实现了一个类似 UNIX 操作系统的操作系统。Linux 操作系统成功地复制了 UNIX 操作系统的功能，可完全兼容 UNIX 操作系统，甚至更为出色。

2. Linux 操作系统是开源的

Linux 操作系统具有开源的特点，便于众多开发者深入了解系统源码，由优秀的开发者提供建议和改进 Linux 操作系统的功能，使得 Linux 操作系统的漏洞、缺陷能够很快被发现并被解决。

3. Linux 操作系统是跨平台的操作系统

因为 Linux 内核主要由跨平台的 C 语言编写而成，并遵循可移植操作系统接口（Portable Operating System Interface，POSIX）规范，所以它能非常容易地被移植到诸如 i386、ARM、Alpha、AMD 和 SPARC 等硬件平台上。从个人计算机到大型服务器主机都可以运行 Linux 操作系统，它尤其适用于需要嵌入式操作系统的硬件设备。

4. Linux 操作系统是多用户、多任务的操作系统

Linux 操作系统是一种真正支持多用户、多任务的操作系统。每个用户都可以拥有和使用独立的系统资源，即每个用户对自己的资源（如文件、设备）有特定的权限，互不影响。同时，多个用户可以在同一时间以网络联机的方式使用计算机系统。多任务是现代计算机的主要特点，由于 Linux 操作系统调度每一个进程时会让它们平等地访问处理器，所以它能同时执行多个程序，且各个程序的运行相互独立。

5. Linux 操作系统采用微内核设计结构

Linux 内核尽可能地精简以实现硬件功能，而硬件功能如何使用及何时使用由用户程序来决定。因为 Linux 内核功能是所有用户程序共享使用的，当多个用户程序都用到同一系统功能时，只能每个程序进行逐一访问，所以要求内核尽可能快地完成工作，而复杂耗时的工作由独立的用户程序来完成。Linux 操作系统架构如图 2-2 所示。

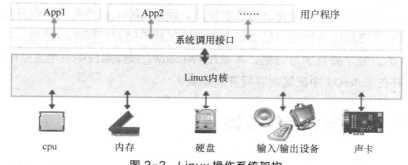

图 2-2　Linux 操作系统架构

6. Linux 操作系统的缺点

Linux 操作系统的缺点如下。

（1）硬件驱动的商业支持更新较慢

硬件厂商对 Linux 操作系统的支持较为不足，新硬件较难被驱动，硬件的新特性也可能无法应用。

（2）Linux 操作系统过于专业

虽然 Linux 操作系统提供了友好的图形操作界面，但专业性较强，目前主要受众是计算机从业者，较少游戏厂商提供 Linux 操作系统中的大型游戏，这也间接为 Linux 操作系统进入家用领域设置了壁垒。

2.1.2 Linux 操作系统的发行版本及其特点

因为 Linux 操作系统是一个自由和开放的操作系统及平台，它允许任何人、任何机构自由地使用、修改和重新发布，所以存在非常多的 Linux 操作系统的发行版本。主流的 Linux 操作系统发行版本分为服务器版本和桌面版本。

主流 Linux 操作系统发行版本有以下几种。

1. RedHat Enterprise Linux

RedHat Enterprise Linux（RHEL）是 Red Hat 公司发布的面向企业用户的 Linux 操作系统，其出色的稳定性和商业支持，使其成为商用服务器使用最多的 Linux 版本之一。但 RHEL 是商业版本，不提供免费使用，用户需要购买 Red Hat 公司的商业服务才能合法取得 RHEL，并得到商业支持。图 2-3 所示为 RHEL 桌面图标。

2. CentOS

因 RHEL 需要收费，为了削减成本，许多企业的服务器采用兼容 RHEL 的免费发行版本——CentOS，这样可以免费使用强大的 RHEL 的功能，但不会有商业技术支持。CentOS 是由社区维护的、对 Red Hat 商用版本——源码进行改进后再编译的免费版本。CentOS 源自 Red Hat 企业商用版本，相对于其他 Linux 操作系统的发行版本而言，其具备高度的稳定性和可靠性，用户可以像使用 RHEL 一样去构建企业级的 Linux 操作系统环境。同时，相对于收费的 RHEL 而言，CentOS 完全免费，且功能更强大，但是缺乏 Red Hat 公司的商业支持，因此 CentOS 适合自主技术能力强的企业使用。图 2-4 所示为 CentOS 桌面图标。

图 2-3　RHEL 桌面图标

图 2-4　CentOS 桌面图标

3. SUSE Linux Enterprise Server

SUSE Linux Enterprise Server 主要用于企业的数据中心，用来运行各种关键的企业应用任务。SUSE Linux Enterprise Server 凭借着成本低的经济优势和稳定可靠的技术优势，成为最具竞争实力的主流服务器操作系统之一。SUSE Linux Enterprise Server 的用户主要以行业大客户和大型企业用户为主，它并不面向普通用户。图 2-5 所示为 SUSE Linux Enterprise

Server 桌面图标。

4. EulerOS

EulerOS 是华为公司基于 CentOS 开发的稳定的 Linux 操作系统发行版本，集成了先进的 Linux 操作系统技术，为企业用户提供强大的安全性、良好的兼容性以及高可靠性。图 2-6 所示为 EulerOS 桌面图标。

图 2-5　SUSE Linux Enterprise Server 桌面图标

5. Ubuntu

Ubuntu 提供了非常友好的操作界面，系统更新快，对硬件的支持非常全面，并集成了应用市场般的软件包管理源，是用户从 Windows 操作系统过渡到 Linux 操作系统的不二选择。图 2-7 所示为 Ubuntu 桌面图标。

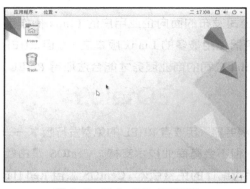

图 2-6　EulerOS 桌面图标

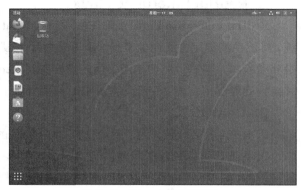

图 2-7　Ubuntu 桌面图标

2.1.3　Linux 操作系统在物联网、云计算及人工智能中的应用

如图 2-8 所示，在物联网系统分层中，Linux 操作系统在感知层、网络层以及应用层中都扮演着不可或缺的角色。在物联网的感知层上，Linux 操作系统经过移植、裁剪到物联网设备上以采集并处理各种传感器数据；在物联网的网络层上，通过 Linux 操作系统的网络通信服务汇集并处理感知层的传感器数据；在物联网的应用层上，Linux 操作系统可以提供用户操作界面、行业应用的各种程序开发及执行环境等。

云计算技术主要通过服务器虚拟化实现物理系统共享。云计算使用户可以访问大规模计算和存储资源，对用户而言，其使用的是一个独立的、完善的系统，而不必知道那些资源的位置及其配置，极大提高了资源的利用效率。Linux 操作系统具有强大的虚拟化和分布式处理功能，在物联网云平台应用中扮演着不可或缺的角色。物联网云平台的架构如图 2-9 所示。

人工智能领域通常会提供各种优秀的开源算法库，而开源的 Linux 操作系统可以提供稳定的、高效的执行环境。同时，Linux 操作系统可以提供算法库所需的各种数据源，还可以根据算法库的计算结果进行相应的操作。人工智能的快速发展，促进了 Linux 操作系统更高效地为各行各业服务。

应用层 绿色农业　工业监控　公共安全　城市管理　智能家居　远程医疗

网络层 5G网络　物联网管理中心（编码、认证、鉴权、计费）　3G网络　物联网信息中心（信息库、计算能力集）　4G网络

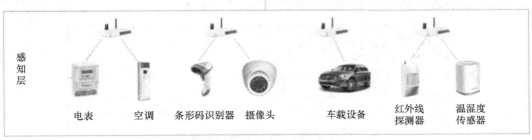

感知层 电表　空调　条形码识别器　摄像头　车载设备　红外线探测器　温湿度传感器

图 2-8　物联网系统分层

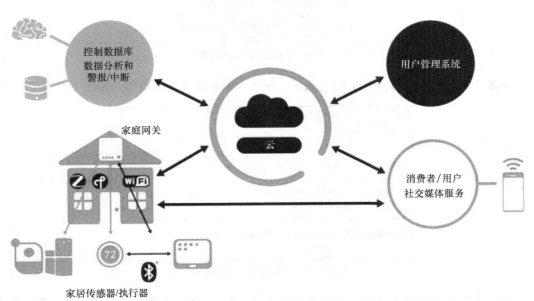

图 2-9　物联网云平台的架构

2.2 Linux 操作系统的安装与配置

学习 Linux 的相关知识前，必须先熟悉 Linux 操作系统的操作方法。初学者最好使用虚拟机软件构建一台虚拟机用于安装 Linux 操作系统，这样不会影响现有系统的正常使用，还能避免因在 Linux 操作系统中的失误操作而导致的资料丢失，且便于安装和管理 Linux 操作系统。主流的虚拟机软件有 VMware 和 VirtualBox。VMware 的功能非常强大，系统的兼容性强，但其是价格昂贵的收费软件。VirtualBox 功能不逊于 VMware，虽然系统的兼容性略差，但它是开源的。这里推荐使用 VirtualBox，将着重介绍 VirtualBox 的安装和使用，VMware 的安装使用可以参考 VirtualBox。

2.2.1 安装 VirtualBox

1. 下载 VirtualBox 及其扩展包

通过浏览器进入 VirtualBox 官网，其页面如图 2-10 所示。

图 2-10 VirtualBox 官网页面

单击"Download VirtualBox 6.1"按钮，进入 VirtualBox 下载页面，如图 2-11 所示。

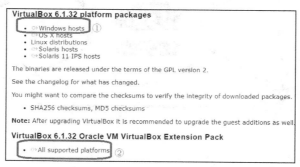

图 2-11 VirtualBox 下载页面

通过图 2-11 所示页面的链接①下载 Windows 操作系统中使用的虚拟机软件，通过链接②下载虚拟机软件的扩展包。扩展包主要是用于增强 USB 接口、摄像头等设备的驱动，如提供摄像头的图像压缩技术。

2. 以管理员权限安装 VirtualBox

下载完成后，因为虚拟机软件涉及对硬件的操作，所以需要通过右击安装程序，在快捷菜单中选择"以管理员身份运行"，如图 2-12 所示。

图 2-12　以管理员权限安装 VirtualBox

VirtualBox 的安装过程较为简单，使用默认设置，一直单击"下一步"按钮即可，当进入警告对话框（见图 2-13）时，必须单击"是"按钮才能继续安装。

安装完成后，在桌面上会产生一个 VirtualBox 图标，右击此图标后，在快捷菜单中选择"属性"选项，在弹出的对话框的"设置"选项组中，选中"以管理员身份运行此程序"复选框，如图 2-14 所示。

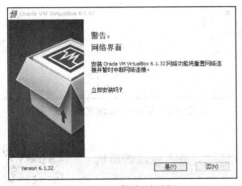

图 2-13　警告对话框

图 2-14　"设置"选项组

保存设置，以后通过桌面图标打开 VirtualBox 时都会以管理员的权限进行操作。

3. 导入 VirtualBox 扩展包

打开 VirtualBox，选择"管理"→"全局设定"选项，如图 2-15 所示。

进入全局设定页面，打开"扩展"选项卡，添加新扩展包，如图 2-16 所示。

图 2-15　选择"管理"→"全局设定"选项

图 2-16　全局设定页面

进入选择包页面，选中已下载的 VirtualBox 扩展包，安装 VirtualBox 扩展包时会弹出对话框，如图 2-17 所示，单击"安装"按钮，继续扩展包的安装。

如图 2-18 所示，在安装开始前需要同意 VirtualBox 的许可协议，单击"我同意"按钮即可开始 VirtualBox 扩展包的安装。

安装完成后，在全局设定页面中会显示 VirtualBox 的相关扩展包，如图 2-19 所示。

图 2-17　对话框

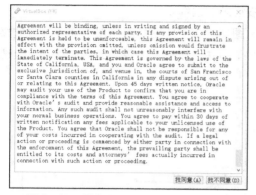

图 2-18　同意 VirtualBox 的许可协议

图 2-19　VirtualBox 的相关扩展包

4．新建虚拟机

打开 VirtualBox 后，选择"控制"→"新建"选项，进入新建虚拟机（软件中为"虚拟电脑"）页面，如图 2-20 所示。

V2-2　新建虚拟机

"名称"可以自行命名，"文件夹"用于指定此虚拟机的配置信息的保存路径，"类型"用于指定此虚拟机中要安装的操作系统类型，"版本"用于指定操作系统的版本。这里选择安装 64 位的 Ubuntu 2020 操作系统。单击"下一步"按钮，进入虚拟机内存配置页面，如图 2-21 所示。

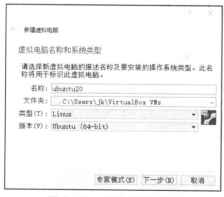

图 2-20　新建虚拟机页面

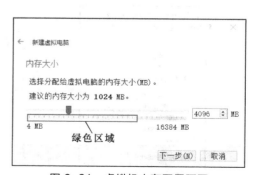

图 2-21　虚拟机内存配置页面

这里需要注意的是，给虚拟机使用的内存是从物理机的内存中分配出来的，分配的内存过大会影响 Windows 操作系统的运行，所以分配虚拟机使用的内存时，一定不可以让滑块的位置超出图 2-21 所示的绿色区域。在虚拟机内存配置好后需要设置虚拟硬盘，如图 2-22 所示。

　　虚拟机是无法直接使用真实硬盘分区的，只能以真实硬盘分区中的虚拟硬盘文件来充当硬盘。设置虚拟硬盘时有 3 个选择："不添加虚拟硬盘"表示此虚拟机是通过网络启动系统的，无须硬盘；"现在创建虚拟硬盘"表示新建一个虚拟硬盘文件；"使用已有的虚拟硬盘文件"表示直接使用已有的虚拟硬盘文件。因为是新安装的虚拟机软件，所以需要选中"现在创建虚拟硬盘"单选按钮，单击"创建"按钮，进入虚拟硬盘文件类型设置页面，如图 2-23 所示。

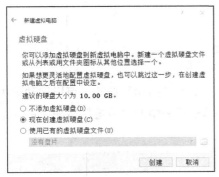

图 2-22　设置虚拟硬盘

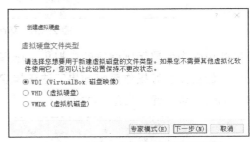

图 2-23　虚拟硬盘文件类型设置页面

　　使用默认的"VDI（VirtualBox 磁盘映像）"即可，单击"下一步"按钮，进行虚拟硬盘动态分配空间的设置，如图 2-24 所示。

　　在图 2-24 所示页面中，"固定大小"是指虚拟硬盘文件的大小，可以指定为当创建时直接从真实硬盘分区中划分出的指定的虚拟硬盘大小；"动态分配"是指虚拟硬盘文件的大小是随着真实存储需求的增加而变化的，但不能超过为虚拟硬盘指定的大小。这里建议使用"动态分配"，以节省硬盘空间。之后进入设置虚拟硬盘文件的位置和大小页面，如图 2-25 所示。

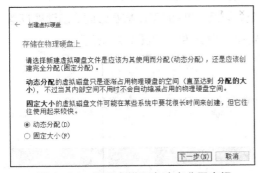

图 2-24　设置虚拟硬盘动态分配空间

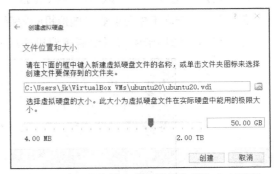

图 2-25　设置虚拟硬盘文件的位置和大小页面

　　在这里指定虚拟硬盘文件的保存路径及虚拟硬盘的大小，建议将虚拟硬盘文件保存到一个有足够空间的真实硬盘分区上。因为设置好虚拟硬盘的大小后无法再改变，所以虚拟硬盘的大小应尽量设置得大一些。单击"创建"按钮，即可创建一台虚拟机并回到 VirtualBox 主页面，如图 2-26 所示。

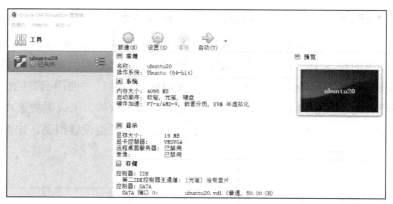

图 2-26　VirtualBox 主页面

在此页面中会显示创建好的虚拟机，选择虚拟机，单击"启动"按钮，可以启动选中的虚拟机，但在安装好操作系统前是无法正常启动的；单击页面中的"设置"按钮，进入选中的虚拟机的设置页面，如图 2-27 所示。

图 2-27　虚拟机的设置页面

在"常规"选项卡中可以更改虚拟机的名称、类型及系统版本等信息。

在"系统"选项卡中可以更改虚拟机的内存分配，以及 CPU 的工作核心分配、启动顺序等。

在"存储"选项卡中可以设置虚拟机使用的光盘镜像文件，如图 2-28 所示。

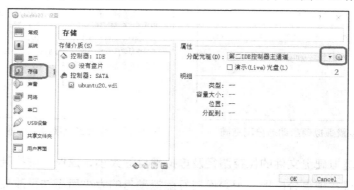

图 2-28　设置虚拟机使用的光盘镜像文件

在"网络"选项卡中可以设置虚拟机如何使用网卡，如图 2-29 所示。

其中，"连接方式"选择"网络地址转换（NAT）"，表示虚拟机的操作系统通过物理机的 Windows 操作系统来联网。在此方式下，只要 Windows 操作系统可以正常进行网络访问，虚拟机的操作系统就会经过 Windows 操作系统的网络转发实现网络访问，但外部不能通过网络直接访问虚拟机的操作系统，一般情况下使用此连接方式即可；"连接方式"选择"桥接网卡"，表示虚拟机的操作系统直接使用网卡，而不使用物理机的 Windows 操作系统，此方式下的虚拟机的操作系统需要配置好网络才可以正常联网，且外部可以通过网络直接访问虚拟机的操作系统。

如果要通过虚拟机访问真实硬盘分区中的资源，则可以通过"共享文件夹"选项卡实现，如图 2-30 所示。

图 2-29　设置虚拟机如何使用网卡

图 2-30　"共享文件夹"选项卡

2.2.2　Ubuntu 操作系统的安装与环境配置

1. 下载 Ubuntu 镜像

因 Ubuntu 是开源的，可以直接在官网下载，进入 Ubuntu 下载页面后，选择 Ubuntu 的版本并进行下载即可，如图 2-31 所示。

V2-3　Ubuntu 操作系统的安装与环境配置

截至本书编写时 Ubuntu 的最新版本为 21.04，一般情况下新版本会增加新的功能，但考虑到开发使用，系统的稳定性非常关键，所以应尽量选择已经修订过的版本。这里建议下载 LTS 版本，即长期支持版本，如 20.04.3 LTS 或 18.04.6 LTS。

2. 虚拟机的安装设置

下载完成后，打开 VirtualBox，参考图 2-28 进入虚拟机的设置页面，打开"存储"选项卡，在虚拟光盘选择页面中单击"注册"按钮，如图 2-32 所示，选择下载好的"ubuntu-18.04.6-desktop-amd64.iso"，设置好后回到虚拟光盘

/mirrors_os/ubuntu-releases/		
File Name ↓	File Size ↓	Date ↓
Parent directory/		
14.04/		2020-Aug-18 16:05
14.04.6/		2020-Aug-18 16:05
16.04/		2020-Aug-19 01:01
16.04.7/		2020-Aug-19 01:01
18.04/		2021-Sep-17 07:37
18.04.6/		2021-Sep-17 07:37
20.04/		2021-Aug-26 17:50

图 2-31　Ubuntu 下载页面

选择页面，单击"选择"按钮。这样相当于把 Ubuntu 的安装光盘插入虚拟机的光驱，虚拟机启动时会通过光驱安装 Ubuntu。

图 2-32　虚拟光盘选择页面

返回虚拟机的设置页面后单击"OK"按钮，回到 VirtualBox 主页面。

3．Ubuntu 的安装

启动虚拟机后，会自动从虚拟光驱中启动操作系统的安装，进入 Ubuntu 安装页面，如图 2-33 所示。

图 2-33　Ubuntu 安装页面

在页面的左侧列表框中可以选择安装操作系统时所用的语言，在页面右侧单击"安装Ubuntu"按钮，进入 Ubuntu 安装设置页面，如图 2-34 所示。

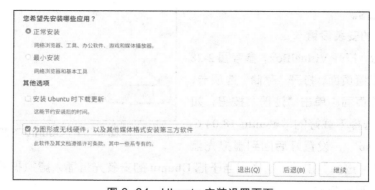

图 2-34　Ubuntu 安装设置页面

选中"为图形或无线硬件,以及其他媒体格式安装第三方软件"复选框,否则系统默认不安装第三方的音视频解码库,会影响系统音视频播放器的正常工作。单击"继续"按钮,进入安装分区处理页面,如图 2-35 所示。

图 2-35　安装分区处理页面

在图 2-35 所示页面中默认选中"清除整个磁盘并安装 Ubuntu"单选按钮,表示会在将整个虚拟硬盘的所有内容清空并自动分区后安装系统,其只适用于新安装操作系统并且不需要保存任何资料的情形。如要安装新操作系统并保留其他分区的内容,则可以选中"其他选项"单选按钮,设置系统安装在指定的分区中。因这里是全新的虚拟硬盘,所以使用默认设置即可。

单击"现在安装"按钮,安装程序会自动分区并弹出硬盘分区更改确认对话框,如图 2-36 所示。

单击"继续"按钮,确认允许分区操作。进入设置用户名及密码页面,如图 2-37 所示。

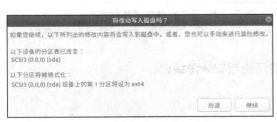

图 2-36　硬盘分区更改确认对话框

图 2-37　设置用户名及密码页面

在图 2-37 所示页面中设置用户名及密码等,注意,此密码非常关键,操作系统的管理和维护需要使用此密码,所以需要妥善保管此密码。单击"继续"按钮,正式开始系统安装工作,安装过程可能会持续十几分钟,安装完成后根据提示信息重启系统。系统安装完成并自动重启后会出现移除启动光盘的提示信息,如图 2-38 所示,直接按 Enter 键继续操作即可。因 VirtualBox 会

图 2-38　移除启动光盘的提示信息

自动从虚拟光驱中启动操作系统的安装，故应避免虚拟机启动时再次安装操作系统。

当鼠标指针在虚拟机的系统中无法移出时，按 Ctrl 键后即可将其移出。

※2.2.3　Ubuntu 系统管理

V2-4　Ubuntu
系统管理

1. Ubuntu 安装源设置

Ubuntu 默认只安装常用的软件，而开发工具等专业软件需要额外安装。Ubuntu 支持使用网络安装源，只要系统能正常访问互联网即可安装各种所需的软件。安装源通常包括多个分流点，用户可以把安装源设置为网速最快的国内站点，设置的方法如下。

① 通过桌面上的 Ubuntu 图标（见图 2-39）打开"软件和更新"窗口。

② 在"软件和更新"窗口中设置软件安装源站点，在"下载自"下拉列表中选择"其他站点"选项，如图 2-40 所示。

图 2-39　Ubuntu 图标

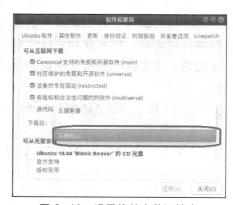

图 2-40　设置软件安装源站点

③ 选择华为云服务器，如图 2-41 所示。

④ 选择服务器后需要根据图 2-42 所示的提示更新安装源缓存。

图 2-41　选择华为云服务器

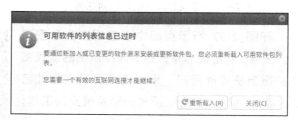

图 2-42　更新安装源缓存

⑤ 更新过程持续的时间与网速有关，从数十秒到几分钟不等。操作完成后即可从华为云服务器上下载 Ubuntu 的各种软件。

2．终端命令

在 Ubuntu 中，可以像 Windows 操作系统一样通过图形界面安装及管理各种软件，但一些开发使用的功能库等只能通过终端命令来安装。物联网设备中的 Linux 操作系统因资源紧张是不会提供图形界面的，所以使用终端命令来维护系统是必需的。

登录系统后可以通过按 Ctrl+Shift+T 组合键打开终端，也可以通过右击系统桌面，在快捷菜单中选择"打开终端"选项打开终端。常用的终端命令如下。

（1）sudo 命令

在 Linux 操作系统中，一般情况下会以普通用户身份登录系统，而当更改系统层面的设置时，需要管理员权限才可以进行操作。这时可以选择执行"su root"命令切换为 root 用户，此后任何命令都是以管理员权限执行的。普通用户也可以"sudo"命令临时申请以管理员权限执行命令，但需要输入管理员的密码。

（2）重启及关闭系统命令

"reboot"命令用于重启系统，"poweroff"命令用于关闭系统。这两个命令都需要管理员权限，所以执行这两个命令时，要使用 root 用户身份或在命令前加"sudo"。

（3）apt 命令

在 Ubuntu 中可通过"apt"命令安装或卸载软件包。

"apt install 软件包名"用于安装指定的软件包，"apt remove 软件包名"用于卸载指定的软件包。

例如，安装终端编辑工具 Vim 可以执行"sudo apt install vim"命令，可自动安装 Vim 工具所需要的其他软件包；卸载 Vim 工具可以执行"sudo apt remove vim"命令。

（4）安装及配置输入法

Ubuntu 中的输入法软件名为 ibus。执行"sudo apt install ibus*"命令，可安装输入法软件及拼音、五笔等的输入法支持包。

安装完成后需要重启系统才可以配置和使用具体的输入法。

在重启系统后，重新进行登录，进行 Ubuntu 设置，如图 2-43 所示，打开系统设置页面。

在系统设置页面中选择"区域和语言"中的"+"，增加新输入法，如图 2-44 所示。

图 2-43　Ubuntu 设置

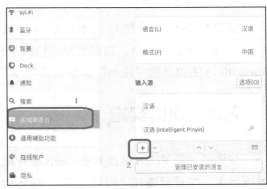

图 2-44　增加新输入法

在进入的语言页面中选择"汉语"后，可以在弹出的输入法列表框中选择各种中文输入法。

（5）配置 Ubuntu 开发环境

执行"sudo apt install gcc"命令，安装 GCC 编译器工具。

执行"sudo apt install g++"命令，安装 G++编译器工具。

因依次对每一项进行安装比较麻烦，可以使用下面的终端命令安装开发环境所用的各种软件包。

```
sudo apt install git flex bison gnupg gperf build-essential zip gawk curl
zlib1g-dev gcc g++ libc6-dev-i386 lib32ncurses5-dev x11proto-core-dev libx11-dev
lib32readline-dev lib32z1-dev libxml2-utils autoconf automake libtool xsltproc
imagemagick gettext texinfo liballegro4-dev lzop u-boot-tools openjdk-8-jdk
lib32ncurses5 lib32z1
```

3．为虚拟机系统安装增强功能

为了使虚拟机的操作系统支持与物理机 Windows 操作系统通过鼠标操作进行自动切换、通过共享目录方式访问 Windows 操作系统分区、自动适配 VirtualBox 窗口大小等功能特性，需要在虚拟机系统中安装 VirtualBox 的增强功能。

在安装前必须为虚拟机的系统配置好开发环境，因为需要编译生成相应功能的服务程序。启动虚拟机并登录系统后，在 VirtualBox 主页面中选择"设备"→"安装增强功能"选项，VirtualBox 会自动把增强功能的"安装光盘"插入虚拟光驱，而虚拟机的系统会弹出提示信息，如图 2-45 所示。

单击"运行"按钮，该软件会自动在终端运行，运行的结果如图 2-46 所示。

图 2-45　提示信息

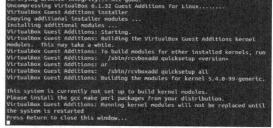

图 2-46　软件运行的结果

安装完毕后，根据提示重启系统，增强功能会自动生效，虚拟机系统会自动适配 VirtualBox 窗口的大小，共享目录的快捷方式会自动生成到虚拟机系统的桌面上。可以通过 VirtualBox 主页面的"设备"菜单设置与 Windows 操作系统共享剪贴板等操作。

2.3　项目实施

华为公司的 EulerOS 是基于 CentOS 并融入对企业服务器应用场景的优化而制作的 Linux 发行版本。本项目要在虚拟机上安装 EulerOS、熟悉 EulerOS 管理及搭建物联网开发环境。在第 1 章的项目实施中，实现了用模拟设备通过网络提交传感器数据到华为物联网云服务器中。其中，模拟设备是由跨平台的开发语言 Java 实现的，这次使用此模拟设备在 EulerOS 中实现与华为物联网云服务器的通信。

可登录华为云平台官网下载 EulerOS 安装镜像，选择下载 EulerOS-V2.0SP5-x86_64-dvd-20190709 版本。

2.3.1 EulerOS 安装

V2-5　EulerOS 安装

步骤 1　新建虚拟机

打开 VirtualBox，新建虚拟机，如图 2-47 所示。

虚拟机新建好后，将 EulerOS 安装镜像插入虚拟光驱并启动虚拟机。

步骤 2　安装 EulerOS

虚拟机启动后会自动从虚拟光驱进入安装页面，如图 2-48 所示，选择"Install EulerOS V2.0SP5"选项，进行系统安装。

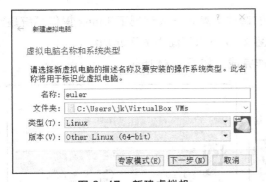

图 2-47　新建虚拟机

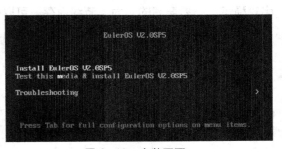

图 2-48　安装页面

在图 2-49 所示的页面中选择简体中文作为系统语言。

进入安装配置页面，如图 2-50 所示，选择系统需要安装的各种软件，根据选择的系统用途会默认安装所需的软件。

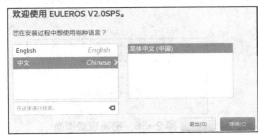

图 2-49　系统语言选择

图 2-50　安装配置页面

EulerOS 默认是不安装图形界面的，只能支持终端命令。只有在"基本环境"中选中"带 GUI 的服务器"单选按钮后才会安装图形界面，如图 2-51 所示。

同时选中"开发工具"复选框，在图 2-52 所示页面中设置系统的安装位置。

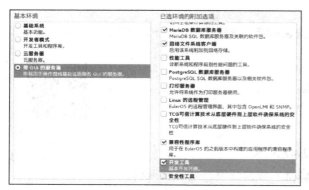

图 2-51　安装选项　　　　　　　　　图 2-52　设置系统的安装位置

因虚拟硬盘是新建的，所以这里选中"自动配置分区"单选按钮，使安装程序自动进行分区处理。

kdump 用于捕捉 Linux 操作系统崩溃时输出的调试信息，一般情况下 Linux 操作系统是比较稳定、不易崩溃的，为了节约内存，可以在图 2-53 所示页面中关闭此功能。

完成以上操作后，需要等待安装程序准备工作完成，如图 2-54 所示。

图 2-53　关闭 kdump　　　　　　　　　　图 2-54　等待安装

在图 2-54 所示页面中的警告图标表示当前项正在由安装程序处理，等待图标消失后单击"开始安装"按钮即可。

在图 2-55 所示用户设置页面中单击"root 密码"按钮，进入密码设置页面，如图 2-56 所示。

图 2-55　用户设置页面　　　　　　　　　图 2-56　密码设置页面

为了确保系统的安全，EulerOS 强制要求用户设置的密码必须为大写英文字母、小写英文字母、数字和标点符号中任意 3 种的组合。创建的密码需要保存好，一旦丢失密码就难以进入系统。

因 root 用户权限过大，故通常会创建一个普通用户进入系统进行操作。创建名为"stu"的普通用户，创建用户页面如图 2-57 所示。

完成后重启系统，会提示需要接受系统的许可证，如图 2-58 所示。

单击"LICENSE INFORMATION"按钮后，选中"我同意许可协议"单选按钮即可完成配置，在 EulerOS 登录页面中选择用户并输入密码即可登录系统，如图 2-59 所示。

图 2-57　创建用户页面

图 2-58　接受系统的许可证

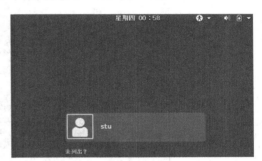

图 2-59　EulerOS 登录页面

※2.3.2　EulerOS 管理

步骤 1　安装 VirtualBox 的增强功能

为了让 EulerOS 支持与物理机 Windows 通过鼠标操作进行自动切换，并支持共享目录、共享剪贴板等功能，需要为其安装 VirtualBox 的增强功能。启动并登录系统后，在 VirtualBox 主页面中选择"设备"→"安装增强功能"选项，EulerOS 会自动弹出安装增强工具的提示信息，如图 2-60 所示，单击"运行"按钮即可。

V2-6　EulerOS 管理

安装完成并重启系统后，安装的增强功能才可以生效。

步骤 2　设置安装源

EulerOS 与 Ubuntu 一样支持用于安装各种软件的服务器，即安装源，其配置步骤如下。

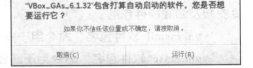

图 2-60　安装增强工具的提示信息

① 选择"应用程序"→"系统工具"→"终端"选项，打开终端。

② 在终端中通过执行"su root"命令切换为 root 用户。

③ 新建 enler.repo 文件并增加内容：使用"gedit/etc/yum.repos.d/euler.repo"命令新建安装源配置文件，并增加以下内容。

```
[base]
name=eulerOS
baseurl=http://mirrors.huaweicloud.com/euler/2.5/os/x86_64/
enabled=1
gpgcheck=0
```

内容增加完成后保存文件并退出。

步骤 3　设置系统网络

"ifconfig"命令用于查看网卡的工作状态，如图 2-61 所示。"ifconfig"命令默认查看在当前系统下处于激活状态的网卡。

"ifconfig -a"命令用于查看系统所有网卡的状态，包括未激活使用的网卡。

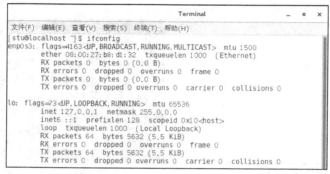

图 2-61　"ifconfig"命令的输出信息

"ifconfig enp0s3"命令用于查看指定的 enp0s3 网卡的状态。

"ifconfig enp0s3 IP 地址"命令用于临时指定 enp0s3 网卡的 IP 地址，例如"ifconfig enp0s3 192.168.10.1"。

"dhclient"命令用于使系统为所有网卡自动分配 IP 地址。注意，网卡如果没有被分配 IP 地址，则是无法访问网络的，且"dhclient"命令只用于临时分配 IP 地址，系统重启后需要重新执行此命令。

"ping"命令用于测试系统是否可以正常访问网络，例如"ping www.baidu.com"。

步骤 4　安装软件

在安装软件前必须设置好安装源。EulerOS、CentOS 和 RedHat 操作系统都是通过 yum 命令安装及卸载软件包的。

"yum install 软件包名"命令用于安装指定的软件包。

"yum erase 软件包名"命令用于卸载指定的软件包。

"yum list"命令用于列出当前系统可用的软件包。

只有管理员才可以安装软件包，所以在安装输入法前需要先切换为 root 用户。

在执行"su root"命令切换为 root 用户时，需要根据提示输入密码。

使用"yum install ibus*"命令可安装输入法软件和各种输入法支持包。

安装完成后重启系统，重新登录后，选择"应用程序"→"系统工具"→"设置"选项，选择"区域和语言"，进行输入法设置页面，如图 2-62 所示。

图 2-62　输入法设置页面

2.3.3　物联网开发环境搭建

步骤 1　搭建 Java 程序的开发环境

EulerOS 中默认只有 Java 程序的执行环境，没有 Java 程序的开发环境，所以需要安装 JDK。出于版权的考虑，Linux 操作系统中一般使用 OpenJDK 代替 Oracle 公司的 JDK。

V2-7　物联网开发
环境搭建

在安装 OpenJDK 前需配置好系统的安装源和网络，确保系统可以正常访问网络，具体的操作可以参考前文的步骤。

① 执行"su root"命令，切换为 root 用户。

② 执行"yum install java-1.8.0-openjdk*"命令，安装 OpenJDK 1.8 套件。

③ 安装完成后，执行"java -version, javac -version"命令，检查是否已正确安装。查看 OpenJDK 的版本，如图 2-63 所示。

步骤 2　设置虚拟机的共享目录

因模拟设备的源程序存放在 Windows 操作系统的"C:\Users\Administrator\Downloads"中，所以可以把此目录设为共享目录，使 EulerOS 可以直接访问此目录中的源程序。

参考图 2-30，通过在 VirtualBox 中选择"设备"→"共享文件夹"选项，弹出"添加共享文件夹"对话框，如图 2-64 所示。

```
[stu@localhost ~]$ java -version
openjdk version "1.8.0_191"
OpenJDK Runtime Environment (build 1.8.0_191-b12)
OpenJDK 64-Bit Server VM (build 25.191-b12, mixed mode)
[stu@localhost ~]$ javac -version
javac 1.8.0_191
[stu@localhost ~]$
```

图 2-63　查看 OpenJDK 的版本　　　　图 2-64　"添加共享文件夹"对话框

选中"自动挂载"复选框，系统启动时自动把共享目录挂载到指定的目录。

选中"固定分配"复选框，系统会把共享目录挂载到一个固定的目录。

设置好后，EulerOS 的桌面上会出现 sf_Downloads 快捷方式，但只有管理员才可以访问共享目录，所以在图形界面中无法以普通用户 stu 打开该快捷方式。

步骤 3　执行模拟设备程序

共享目录设置好后，切换为 root 用户，并进入共享目录的挂载目录。

① 执行"su root"命令，切换为 root 用户。

② 执行"cd /media/sf_Downloads/"命令，进入共享目录的挂载目录。

③ 执行"huaweicloud-iot-device-quickstart/"命令，进入模拟设备源程序所在的目录。

④ 执行"./start.sh"命令，执行源码包中的 start.sh 脚本，自动使用 javac 编译工具编译源程序并执行生成的程序。程序执行时的输出信息如图 2-65 所示。

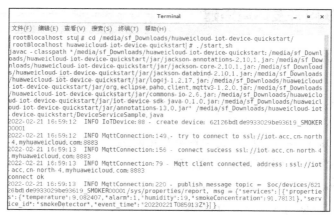

图 2-65　程序执行时的输出信息

生成的程序执行后，每隔 10s 会通过网络提交随机的湿度、温度、烟雾浓度等数据到华为物联网云服务器。

步骤 4　登录华为云平台

登录华为云平台后进入物联网平台的查看设备具体数值的页面，如图 2-66 所示，即可查看到云服务器接收到的各种传感器数据。

图 2-66　查看设备具体数值的页面

进入下发命令的输入页面，如图 2-67 所示，可向模拟设备发出命令。

图 2-67　下发命令的输入页面

在 EulerOS 中执行的模拟设备接收到的信息如图 2-68 所示。

图 2-68　模拟设备接收到的信息

【知识总结】

1．根据本章的目标，首先学习了 Linux 操作系统和主流 Linux 操作系统发行版本的差异；然后了解了 VirtualBox 的安装及使用，并在虚拟机上安装和配置了 Ubuntu。

2．在掌握了这些基础知识之后，学习了如何安装 EulerOS，并学习了怎样在 EulerOS 中搭建物联网开发环境，为后续物联网设备开发工作积累了 Linux 操作系统应用经验。

【知识巩固】

一、选择题

1．Linux 内核主要是由（　　　）开发的。

A．C 语言　　　　　　B．Java 语言　　　　　　C．C++语言　　　　　　D．C#语言

2．以下 Linux 操作系统的发行版本中，商业收费的版本是（　　　）。

A．Fedora　　　　　　B．CentOS　　　　　　C．RHEL　　　　　　D．Ubuntu

3．华为公司的 EulerOS 是基于（　　　）进行加强定制的。

A．Suse Linux Enterprise Server　　B．Ubuntu　　　　　　C．CentOS　　　　　　D．Fedora

二、填空题

1．Linux 操作系统的主要技术特点是_____、_____、_____、_____和_____。

2．列出 3 种 Linux 操作系统的发行版本：_____、_____和_____。

三、简答题

1．用户使用开源的 Linux 操作系统，Linux 操作系统厂商靠什么来盈利？

2．Linux 操作系统在物联网工程中有什么作用？

【拓展任务】

通过本章的学习，尝试自行在虚拟机上安装一个 Linux 操作系统（可选 Fedora、CentOS 等）。

第3章
Linux编程基础及项目实战

03

【知识目标】

1. 学习 Linux 操作系统环境下的编程基础。
2. 了解主流开发语言的技术特点。
3. 了解物联网工程中 Linux 操作系统的应用技术。
4. 了解 Linux 操作系统中编程开发技术的特点。

【技能目标】

1. 掌握 Linux 操作系统中常用的操作命令。
2. 掌握 Shell 编程基础。
3. 掌握基于 Linux 的 C 语言编程基础。

【素养目标】

1. 培养良好的思想政治素质和职业道德。
2. 培养爱岗敬业、吃苦耐劳的品质。
3. 培养热爱学习、学以致用的作风。

【项目概述】

因 Linux 操作系统的种种优势，在物联网工程中，无论是感知层的物联网设备上、网络层的服务器上，还是应用层的手持设备上，Linux 操作系统都已成为不可或缺的重要角色。本章主要介绍 Linux 操作系统中常用的操作命令、编程基础，以及 Linux 环境下的开发技术，以便后续项目能依托强大的 Linux 操作系统应用于物联网设备开发中。

【思维导图】

```
                                              She11环境基础
                                              She11命令基础
                            She11编程基础        Vim编辑器
                                              She11脚本语法基础

Linux编程基础                基于Linux的          GCC编译器基础
及项目实战                   C语言编程基础         GDB调试器
                                              Makefile项目管理

                        学生成绩管理系统(C语言实现)
```

【知识准备】

计算机硬件根据预设的不同的指令做不同的运算控制功能，这种指令叫作机器指令（机器语言）。早期编写程序就是使用这种机器指令组合实现的，它由多位的二进制数组成，如"11110011101011""10110101111001"。这种程序的可读性非常差，开发效率极低，所以计算机专家发明了汇编语言。汇编语言由一些特定的词组成，如"mov r0""#12"，具有一定的可读性，因为计算机硬件只能识别二进制指令，所以计算机专家专门为汇编语言开发了汇编编译器，专用于把汇编语言翻译成机器指令。汇编语言大大提高了程序开发效率，但不同 CPU 厂商的机器指令和汇编语言无法统一，导致程序从一个厂商的芯片平台迁移到另一个厂商的芯片平台上需要做的改动非常大，这种情况持续到跨平台开发语言的产生。C 语言就是一种跨平台的语言，程序员无须考虑不同平台的差异，将相同的代码通过针对不同平台的 C 编译器翻译成对应平台的汇编语言，再由汇编编译器翻译成对应的机器指令。除 C 语言外，还有很多种开发语言，坊间一直争论何种开发语言最好，其实开发语言没有最好的，只有最合适的。例如，虽然汇编语言开发效率极低，但其无可比拟的执行效率让它在算法优化方面应用极广；C++、Java 这些面向对象语言在代码重用性方面有着非常大的优势。而 C 语言的执行效率仅次于汇编语言，同时具有与硬件交互的能力，是底层程序开发的不二选择。在 Linux 操作系统中，基于一条或多条操作命令完成的工作事项，交由 Shell 语言来编程实现会事半功倍。

3.1 Shell 编程基础

在 Linux 操作系统中，用户通过不同的命令来操作系统，而 Shell 提供了用户与操作系统之间的接口。Shell 本身是一个程序，它把用户直接输入的命令翻译成系统命令，并调用系统执行这些命令。

Shell 的主要特点如下。

① Shell 是系统的用户界面，提供了用户与内核进行交互操作的接口。

② 接收用户输入的命令并把它送入内核执行。

③ Shell 有自己的开发语言，用于命令的编辑。Shell 开发语言具有普通开发语言的很多特点，如变量定义、赋值、条件和循环语句等，使用 Shell 开发语言编写的 Shell 程序与其他应用程序一样，可以与用户进行交互，完成某项或多项的工作任务。

用户登录系统后可以打开一个 Shell 命令交互界面，此界面叫作终端，而该终端又被称为控制终端。在 Ubuntu 桌面上，可以按 Ctrl+Alt+T 组合键打开 Ubuntu 终端，如图 3-1 所示。在 Windows 操作系统中，可以使用 PuTTY 终端通过安全外壳（Secure Shell，SSH）协议连接 Linux 操作系统进行 Shell 命令操作。Windows 10 操作系统中还可以通过内置的 Linux 子系统使用 Cmder 等终端程序加载 Shell 以操作 Linux 操作系统。

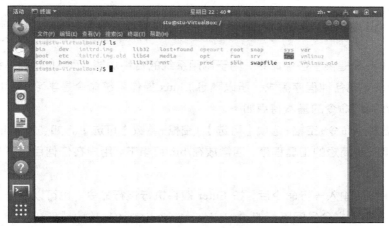

图 3-1　Ubuntu 终端

3.1.1　Shell 环境基础

Shell 编程与使用其他开发语言编程不太一样，无须搭建复杂的开发环境，只要有一个能编写代码的文本编辑器和一个能解释、执行 Shell 语言的 Shell 程序即可。Shell 程序种类众多，Linux 操作系统中默认使用 bash。

1．Shell 的解释程序

Shell 脚本的文件扩展名通常是.sh。在 Shell 脚本中，首行的"#!"符号用于告诉系统其后路径所指定的程序即解释和执行此脚本的 Shell 程序。所以，Shell 脚本中的首行代码如为"#!/bin/bash"，则用于指定使用 bash 解释及执行当前脚本。

2．Shell 的交互模式

Linux 操作系统中的接收用户命令输入的终端就是一个正在执行中的 Shell 程序，它处于交互模式下，等待用户输入命令。

3．Shell 的非交互模式

简单来说，非交互模式就是指执行脚本。在非交互模式下，Shell 从文件或者管道中读取命令并执行。当 Shell 程序开始执行 Shell 脚本时，会先创建一个专门执行脚本的进程，待执行完文件中的最后一个命令后，此进程终止，并回到终端。

可以使用下面任意一个命令使 Shell 以非交互模式运行（/path/to/用于指代脚本绝对路径）。

```
sh /path/to/script.sh
bash /path/to/script.sh
source /path/to/script.sh
./path/to/script.sh
```

script.sh 是一个包含 Shell 命令的脚本，sh 和 bash 在 Linux 操作系统中都用于指定使用 bash 程序解释和执行此脚本。当新建脚本时，还需要通过 chmod 命令给它添加可执行的权限，才可以直接执行该脚本。

```
chmod +x /path/to/script.sh
/path/to/test.sh   //或者使用./path/to/script.sh
```

3.1.2 Shell 命令基础

Linux 操作系统提供了各种命令，用于调用系统的各种功能，而 Shell 程序往往需要通过调用系统命令来实现各种程序需求，所以熟悉 Linux 操作系统命令是学习 Shell 编程的基础。

Linux 操作系统命令的基本特点如下。

① 基本格式：命令+空格+选项【可选】+空格+参数【可选】，如"ls -l /home/"。

② 命令是一些简短的工具程序，通常放在/bin 目录下，用户在任何目录下都可以调用这些程序。

③ 通常在终端输入一行命令后，按 Enter 键将执行该行命令。也可以在一行中编写多个命令，命令之间用英文分号间隔，如"mkdir test; mkdir test/1; ls test"。

④ 命令名或者参数名可以用 Tab 键补全，如"passwd"是修改密码的命令，输入"pass"后按 Tab 键，系统会自动补全命令名。

⑤ 通过键盘上的↑和↓键可以调出以前输入过的命令。

常用的 Linux 操作系统命令分为以下 4 类。

1. 系统管理类命令

① reboot：重启系统。

② poweroff：关闭系统。

③ su 用户名：切换用户。

④ date：显示当前系统的日期和时间。

⑤ yum：用于在 CentOS 等 Red Hat 系列的操作系统中安装及卸载软件包。例如，安装 glibc 时使用命令"yum install glibc"，卸载 GIMP 图像处理软件时使用命令"yum erase gimp"。

⑥ apt-get：用于在 Ubuntu 等 Debian 系列的操作系统中安装及卸载软件包。例如，安装 Vim 时使用命令"apt-get install vim"，卸载 Vim 时使用命令"apt-get remove vim"。

⑦ man：查看命令和系统函数的帮助信息。用法为"man 章节命令名或函数名"，如"man fdisk""man 2 time"。经常被使用的章节有：常用的终端和 Shell 命令、系统调用的功能函

数，以及 C 语言的函数。如果不指定章节，则在所有章节中查找。

2．文件管理类命令

Linux 的目录结构类似于一棵树，最顶层是其根目录，它表现为由"/"起始的树形结构，如图 3-2 所示。

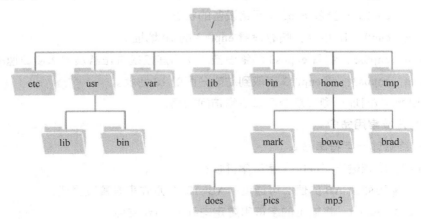

图 3-2　Linux 的目录结构

① mkdir：创建目录，可以带一个或多个参数，例如"mkdir 3-2"。如果要建立多层目录，则加上-p 选项，表示一并创建子目录，如"mkdir -p 1/2/3"表示创建目录 1，并创建 1 下面的子目录 2 及 2 下面的子目录 3。

② cd：进入某个目录，如"cd 3-2/"表示进入当前路径下的名为"3-2"的子目录。如果 cd 后面不加任何参数，则无论当前处于哪个路径，都回到主目录（"/home/用户名"）。

③ rmdir：删除空目录；"rm -r"：删除非空目录及该目录下的所有文件及子目录。

④ less/more：以翻页形式查看文本，如"less hello.txt"。

⑤ cat：将多个文件内容接合并显示在标准输出（屏幕）上，如"cat file1 file2"。当 cat 后面接一个参数时，表示一次性接合并显示多个文件的全部内容，如"cat file1"。cat 还可以用">"重定向来将多个文件合并为一个文件，如"cat file1 file2 > file3"。

⑥ mv：移动文件或改名，如"mv file1 dir1"或"mv file1 file2"。

⑦ cp：复制文件到新文件或某个目录下，如"cp file1 file2"或"cp file1 dir1"。"cp -r dir1 dir2"：复制一个目录的全部内容到另一个目录。

⑧ ls -1 file1：查看文件 file1 的细节。

⑨ chmod：改变指定文件或目录的权限，如增加执行权限时使用命令"chmod +x /mytest.sh"。

⑩ chown：改变指定文件或目录的属主，如将 test.sh 的属主改为 stu 时使用命令"chown stu test.sh"。

⑪ chgrp：改变指定文件或目录所属的组，如"chgrp stu test.sh"。

⑫ find：查找指定的文件或目录，如查找整个硬盘中的.sh 脚本时使用命令"find/-name '*.sh'"。

⑬ grep：查找包含指定内容的文件，如查找当前目录下文本内容包含"hello"字符串的.sh 脚本时使用命令"grep -n hello *.sh"。

3．网络管理类命令

① ifconfig：查看或设置当前系统网络设备状态信息。

② ifconfig enp0s3：查看 enp0s3 网络设备的状态。

③ ifconfig enp0s3 IP 地址：临时设置 enp0s3 的 IP 地址。

④ mii-tool enp0s3：查看 enp0s3 网络设备的网络连接是否正常及网络接口速率。

⑤ dhclient enp0s3：使 enp0s3 获取到动态分配的 IP 地址。

⑥ ping IP 地址/网址：测试是否可以正常访问网络。

4．Shell 开发常用命令

① echo：终端输出字符串命令。

echo "hello"：终端输出"hello"字符串并换行。

echo $AB：输出变量 AB 的值。可通过"AB=123"方式来设置变量值。

echo "hello" > test.txt：将输出的字符串重定向到 test.txt 文件。

echo '命令'：输出命令执行结果。

② printf：用于格式化输出字符串，printf 默认不会像 echo 一样自动添加换行符，如果需要换行，则可以添加"\n"。

用法："printf "指定格式字符串"参数"，格式字符串中的"%d"表示参数是整数，"%s"表示参数是字符串，"%d%d"表示参数为两个整数。例如，"printf "num = %d, str = %s\n" 123 "what""的输出结果为"num = 123, str = what"并换行。

③ export：创建 Shell 的系统变量，即在当前终端执行的所有程序和脚本都可以访问到的变量。

"export MYTEST="test export""：创建 Shell 系统变量，可通过"echo $MYTEST"获取变量值。

④ sleep：延时休眠命令，"sleep 2"表示延时休眠 2s。

3.1.3 Vim 编辑器

在 Linux 操作系统中，虽然可以在图形界面上编辑文本文件及编写代码，但为了节约资源，Linux 操作系统的服务器中通常不安装图形界面，只能通过 Shell 终端进行操作，所以必须熟识终端上的编辑工具，如 Vi、Vim 程序。Vi、Vim 的基本特点如下。

① Vi 是在 Linux/UNIX 操作系统环境下的功能强大的文件编辑器，可以在终端中编辑文件及编写代码。

② Vim 是改进版的 Vi，目前主流 Linux 操作系统的采用 vim 替代 vi 命令。

③ Vim 具有强大的程序编辑的能力，可以主动通过字体颜色辨别语法的正确性，以方便程序设计。

④ 通过强大键盘操作命令，可以高效地进行文件编辑。

Vim 有 3 种工作模式，3 种工作模式的切换如图 3-3 所示。

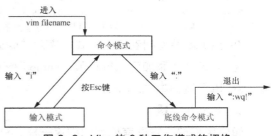

图 3-3　Vim 的 3 种工作模式的切换

① 命令模式（Command Mode）：进入 Vim 时的模式，可以通过输入"i"（切换为输入模式）、"x"（删除光标所在字符）等命令进行编辑。命令模式下常用的命令如下。

• 输入"i"：进入输入模式，在输入模式下按 Esc 键可返回命令模式。

• 输入"gg"：进入第一行。输入"G"：进入最后一行。输入"数字+G"或"数字+gg"：进入第"数字"行。

• 输入"dd"：删除整行。输入"数字+dd"：删除第"数字"行。输入"dw"：删除一个单词。

• 输入"x"：删除一个字符。输入"s"：删除一个字符后进入输入模式。

• 输入"yy"：复制光标所在行内容到剪贴板中。

• 输入"p"：将已复制的数据在光标下一行进行粘贴。

② 输入模式（Insert Mode）：在命令模式下输入"i"进入输入模式，可以输入字符，输入完成后按 Esc 键可以退出输入模式。

③ 底线命令模式（Last Line Mode）：在命令模式下输入冒号（:）进入底线命令模式，可以进行文件保存、退出操作，也可以进行文件搜索、替换等操作。底线命令模式下常用的命令如下。

• 在命令模式下输入冒号":"进入底线命令模式。

• 输入":w"：写入内容到文件中（并保存文件）。输入"q"：退出。输入"!"：强制执行。

• 输入":wq!"：退出程序，该命令可以拆开使用。输入":wq"：保存后退出。输入":q!"：不保存，强制退出。

• 输入":%s/a/b/g"：将所有的 a 替换成 b，支持正则表达式。

• 输入":setnu"：显示所有行数。输入":setnonu"：取消显示行数。

3.1.4　Shell 脚本语法基础

Shell 脚本虽然缺少编译的过程及依赖系统提供的功能，但 Shell 语言与其他开发语言具有很多相同的功能，如变量的定义及赋值、条件判断和循环语句等。

1. Shell 编程基础

熟悉以上基础后，尝试编写第一个 Shell 脚本，实践步骤如下。

① 使用"vim test.sh"命令创建一个使用 bash 解释及运行的 Shell 脚本 test.sh。

② 输入"i"进入输入模式，输入以下内容。

```
#!/usr/bin/env bash
echo I love Linux > test.txt
cat test.txt test.txt test.txt
```

③ 按 Esc 键退回到命令模式，输入":wq"保存并退出 Vim，回到 Shell。

④ 为该脚本添加可执行权限"chmod +x test.sh"。

⑤ 执行该脚本"./test.sh"。

2. Shell 变量

如使用其他开发语言编写的程序一样，Shell 程序中也可以使用变量。Shell 变量无须声明，亦无须指定类型，直接赋值及取值即可。但变量的命名需要注意如下事项。

① 与脚本语言 Perl 及 PHP 不同，其变量名不以美元符号"$"开头。

② 变量名中只能包含英文字母、数字和下画线，首个字符不能是数字。例如，有效命名为 abc1、abc_1、_abc123；无效命名为 123abc、abc-d、a\#bc、a*bc。

③ 变量名中间不能有空格，可以使用下画线，不能使用标点符号及特殊符号。

④ 访问变量时，只需要在变量名前面加美元符号"$"即可，"$"后面的变量名可以用花括号"{}"来区分变量名边界，如"${txt}"。

掌握第 1 个 Shell 脚本的范例后，下面来学习编写第 2 个 Shell 脚本的范例 test2.sh。

```
#!/usr/bin/env bash
os1=Linux
os2=Windows
os3="Ubuntu Linuxi"
os4='Mac OS'
os5=Android
echo "I Love $os1 !"
echo "I don't like $os2 !"
echo "I don't like ${os2}10!"
echo "I like ${os2}7!"
echo I like $os1 and ${os2}7!
echo I love $os3 most!
echo "I want to try $os4"
echo 'I am a ' $os5 ' user'
```

对以上 Shell 脚本的说明如下。

① 赋值字符串给变量时，可以用双引号或单引号，不含空格的字符串可以不加引号。

② 等号后面不能加空格，否则无法将字符串赋值给变量，如对于 os1 = Linux，变量 os1 的值为空。

③ 双引号中的"$变量名"可以被解释为变量值，而单引号中的不可以，双引号中可以有转义符。

④ 单引号中的任何字符都会原样输出，使用单引号的字符串中不能自动解释以获取变量值。

3. Shell 的算术运算符、表达式和注释

Shell 脚本支持的算术运算符和其他语言基本一样，如+（加法）、−（减法）、*（乘法）、/（除法）、%（取余）、=（赋值，区别于==和!=）等。

Shell 编程中的数学运算需要通过 expr 工具来实现，expr 开头的表达式需要用两个反引号（使用 Esc 键下面、数字 1 键左边的那个按键）括起来。

例如：val=`expr 1 + 1`（常量相加），val=`expr $a + $b`（变量相加）。

Shell 编程中的注释一般用"#"，"#"后面的文本为对程序的注释。

例如：val=`expr 1 + 1` #两个常量相加，并将结果赋值给变量 val。

熟识 Shell 编程中的数学运算后，学习第 3 个 Shell 脚本的范例 test3.sh。

```bash
#!/usr/bin/env bash
a1=1
a2=2
a3=3
val1=`expr $a1 + $a2`  #val1 的值为 1+2=3
echo "$a1+$a2 等于$val1"  #在屏幕中输出"1+2 等于 3"
val2=`expr $val1 % $a2`  #求余运算
#下一行程序语句在屏幕中输出"3 除以 2 的余数为 1"
echo "$val1 除以$a2 的余数为$val2"
```

4．Shell 的关系运算符

日常生活中，人们用"<"符号表示小于，用">"符号表示大于，但因为 Linux 操作系统的"<"和">"在 Shell 中用于数据输出的重定向，所以关系运算符中不能出现这两个符号。

比较两个数字的大小关系，可以使用以下方式。

① -eq：等于（equal 的缩写，如"$a -eq $b"）。

② -lt：小于（less than 的缩写，如"$a -lt $b"）。

③ -gt：大于（greater than 的缩写，如"$a -gt $b"）。

④ -le：小于等于（less or equal 的缩写，如"$a -le $b"）。

⑤ -ge：大于等于（greater or equal 的缩写，如"$a -ge $b"）。

⑥ -ne：不等于（not equal 的缩写，如"$a -ne $b"）。

5．Shell 的 if 条件判断语句

（1）if 语句

if 语句控制流程的基本格式如下。

```
if [[ condition ]]
then
    command1
    command2
    ...
    commandN
fi
```

也可以写成一行，通常用于在终端提示符后输入执行命令。

```
if [ condition ] ; then command1 ;...commandN; fi
```

注意，if 和 fi 成对出现，且不能忘记 if 之后的 then。

复合条件的写法如下。

```
if [ condition1 ] && [ condition2 ]
```

下面学习第 4 个 Shell 脚本的范例 test4.sh，即学习 if 语句的应用。

```
#!/usr/bin/env bash
a1=1
a2=2
a3=3
if [ $a1 -lt $a2 ] #如果 a1 小于 a2，则执行以下语句，直到 fi 为止
then
    echo "$a1 小于$a2" #在屏幕中输出"1 小于 2"
    echo "$a2 大于$a1" #在屏幕中输出"2 大于 1"
fi
if [ $a1 -lt $a2 ] && [ $a2 -lt $a3 ] #如果 a1 小于 a2 且 a2 小于 a3
then
    echo "$a1 最小"
fi
```

（2）if-else 语句

if-else 语句控制流程的基本格式如下。

```
if [ condition1 ]
then
    command1
elif [ condition2 ]
then
    command2
else
    commandN
fi
```

下面学习第 5 个 Shell 脚本的范例 test5.sh，即学习 if-else 语句的应用。

```
#!/usr/bin/env bash
a=15
b=20
if [ $a -eq $b ]
then
    echo "a 等于 b"
elif [ $a -gt $b ]
then
    echo "a 大于 b"
elif [ $a -lt $b ]
then
    echo "a 小于 b"
else
    echo "不可能"
fi
```

6. Shell 传递参数

在执行 Shell 脚本时，可以向脚本传递参数，脚本内获取参数的格式为$n。

其中，n 代表一个数字，例如，$1 为传入脚本的第一个参数，$2 为传入脚本的第二个参数，以此类推。此外，$0 代表执行的脚本的文件名。以下是特殊字符处理参数。

① $#：获取传递的参数的总数。

② $*：以一个字符串表示传递的所有参数。

③ $@：返回所有参数列表。

下面学习第 6 个 Shell 脚本的范例 test6.sh，即学习 Shell 脚本参数的传递。

```
#!/usr/bin/env bash
echo "Shell 传递参数实例! ";
echo "执行的文件名: $0";
echo "第一个参数为$1";
echo "第二个参数为$2";
echo "第三个参数为$3";
echo "参数个数为$#";
echo "传递的参数作为一个字符串显示: $*";
for i in "$@"; do
    echo $i
done
```

7. for 循环语句

for 循环语句有以下 3 种写法，示例如下。

① for i in 123; do echo$i; done。

② for((i=1;i<=3;i++)); do echo$i; done。

③ for i in {1..3}; do echo$i; done。

下面通过第 7 个 Shell 脚本的范例 test7.sh，学习使用 for 循环语句创建目录。

```
#!/usr/bin/env bash
for loop in 1 2 3 4 5
do
    echo "即将创建文件夹 dir$loop: "
    mkdir dir$loop
done
echo "已创建 5 个文件夹"
```

下面通过第 8 个 Shell 脚本的范例 test8.sh，学习使用 for 循环语句找出参数中的最大值。

```
#!/usr/bin/env bash
max=$1
item_number=0
if [ $# -eq 0 ]
then
    echo "脚本后面需要接若干个数字作为参数! "
else
    for loop in $@
    do
        item_number=`expr $item_number + 1`
        if [ $max -lt $loop ]
        then
            max=$loop
        fi
        echo "第$item_number 轮循环后得到当前最大值为$max"
    done
    echo "$#个参数中最大值为$max"
fi
```

8. Shell 数组

Shell 数组用圆括号来表示，元素用空格分隔，其基本格式为 array_name=(value1...valueN)，如 myArray = (1 2 3 4 5)。

数组元素可以使用数组下标指定赋值，如 myArray[0]=1，读取数组元素值的一般格式为

${array_name[index]}，如${myArray[0]}。

下面通过第 9 个 Shell 脚本的范例 test9.sh，学习 Shell 数组的操作。

```
#!/usr/bin/env bash
my_array=(A B C D)
echo "第一个元素为${my_array[0]}"
echo "第二个元素为${my_array[1]}"
echo "第三个元素为${my_array[2]}"
echo "第四个元素为${my_array[3]}"
```

9. Shell 排序算法

排序算法有很多种，在 Shell 中较常用的有以下两种。

① 直接选择排序算法：将指定排序位置上的元素与所有其他元素进行比较，升序排序时将较小的放在前面，降序排序时将较大的放在前面。

下面通过第 10 个 Shell 脚本的范例 test10.sh，学习使用直接选择排序算法对传入脚本的所有参数进行排序。

```
#!/usr/bin/env bash
array=($@);
if [ $# -eq 0 ]
then
    echo "脚本后面需要接若干个数字作为参数！"
else
    for ((i=0;i<`expr $# - 1`;i++));
    do
        for ((j=`expr $i + 1`;j<$#;j++));
        do
            if [ ${array[$i]} -gt ${array[$j]} ]
            then
                tmp=${array[$i]}
                array[$i]=${array[$j]}
                array[$j]=$tmp
            fi
        done
    done
    echo "按顺序排序后的结果为${array[*]}";
fi
```

② 冒泡排序算法：比较相邻的元素值，像冒泡一样，升序排序时，较小的"冒"到前面，降序排序时，较大的"冒"到前面。

下面通过第 11 个 Shell 脚本的范例 test11.sh，学习使用冒泡排序算法对传入脚本的所有参数进行排序。

```
#!/usr/bin/env bash
array=($@);
if [ $# -eq 0 ]
then
    echo "脚本后面需要接若干个数字作为参数！"
else
    for ((i=1;i<$#;i++));
    do
        for ((j=0;j<`expr $# - $i`;j++));
```

```
        do
            if [ ${array[$j]} -gt ${array[`expr $j + 1`]} ]
            then
                tmp=${array[$j]}
                array[$j]=${array[`expr $j + 1`]}
                array[`expr $j + 1`]=$tmp
            fi
        done
    done
    echo "按顺序排序后的结果为${array[*]}";
fi
```

3.2 基于 Linux 的 C 语言编程基础

因篇幅有限，本节不展开讲解 C 语言的基础，只讲解 Linux 操作系统中 C 语言程序开发应具备的工具和技术。具体的 C 语言基础知识可参考相关入门教材。

3.2.1 GCC 编译器基础

C 语言的编译器有多种，GCC 是 Linux 操作系统中常见的、高效的编译器。严格来说，GCC 是一整套的编译工具，包含编译、汇编、链接等工具。

一个源程序需要经过预处理、编译、汇编、链接等过程才可以生成一个可执行的程序文件。

① 预处理：预处理工具的主要工作包括头文件的引用、去除注释、宏定义的处理，以及生成.i 文件。通过 gcc 命令的选项 E 可以单独生成预处理文件，如"gcc -E test.c –o test.i"。

② 编译：编译工具会对预处理完的.i 文件进行一系列的词法分析、语法分析，然后生成汇编文件（.s 文件）。可以通过 gcc 命令的选项 S 执行编译操作，如"gcc -S test.i"。

③ 汇编：汇编工具会将编译器生成的.s 文件汇编为机器指令，即机器可以执行的二进制程序，存放于生成的.o 文件中。可以通过 gcc 命令的选项 c 执行汇编操作，如"gcc -c test.s"。

④ 链接：链接工具会链接程序运行所需要的目标文件以及依赖的库文件，最后生成能够使操作系统装入并执行的统一整体（可执行文件，通常意义上的软件程序）。链接命令可不用任何选项，指定输出时也可使用选项-o，如"gcc test.o -o test"。

1. GCC 编译选项

GCC 编译器的功能非常强大，提供了大量的功能选项，但常用的功能选项仅仅是其中的一小部分，具体内容可通过执行"man gcc"命令进行查阅。其常用的选项如下。

① -o 文件名：指定输出文件的名称及路径。不使用此选项时，默认情况下用相同文件名的.o 文件代替.c 文件，生成的程序文件名为 a.out。

② -c：使编译器只对源程序进行编译而不链接，即只用.c 文件生成相应的.o 文件，不生成可执行文件。

③ -I 头文件目录路径：使编译器除在默认的系统目录外，还在指定的目录路径下搜寻源

程序中包含的头文件。-I 与头文件目录路径之间可以有空格，也可以连接在一起。

④ -L 库目录路径：增加编译器搜寻功能库的路径。

⑤ -l 库名：指定编译器中源程序使用的功能库，在链接阶段使用库功能。

⑥ -E：使编译器只做预处理，而不进行编译、汇编和链接操作。

⑦ -g：使编译器在编译时加上调试信息，便于使用 GDB 调试器。

⑧ -On：指定编译器对源码的优化程序，n 指优化级别，其值为 0～3。

⑨ -Wall：指定编译器对源码做最严格的语法检查。

2. Linux 中的 C 语言程序范例

① C 程序的参数传递。C 程序实质上由 main 函数接收和处理参数，main 函数的原型如下。

```
int main(int argc, char *argv[])
```

main 函数的参数说明如下。

- argc 是程序参数个数（含可执行文件本身，准确地说是参数个数+1）。

- argv 是程序参数字符串指针数组，argv[0]指向可执行文件名，argv[1]指向第一个参数。argv 数组元素是指向字符串的指针，如果要对传递的 int 类型参数进行算术计算，则需要调用 atoi 函数进行转换，如"x = atoi(argv[1]);"。

以下是接收并输出参数的 C 语言程序范例，其文件名为 canshu.c。

```
#include <stdio.h>
int main(int argc, char ** argv)
{
    int i;
    for (i=0; i < argc; i++)
        printf("参数 %d 为 %s\n", i, argv[i]);
    return 0;
}
```

通过执行"gcc canshu.c"命令将其编译成可执行文件，再执行"./a.out 1 2 3"命令确认输出结果。

② 字符串转为数值。以下为 C 语言程序范例 canshu2.c，其用于将接收的参数转换成相应的数值并按奇偶性输出。

```
#include <stdio.h>
#include <stdlib.h>
int main(int argc, char ** argv)
{
    int i;
    for (i=0; i < argc; i++)
    {
        if (atoi(argv[i]) % 2 ==0)
                printf("参数 %s 为 偶数\n", argv[i]);
        else
                printf("参数 %s 为 奇数\n", argv[i]);
    }
    return 0;
}
```

通过"gcc canshu2.c"命令将其编译成可执行文件，再执行"./a.out 1 2 3 4 5"命令确认输出结果。

3.2.2　GDB 调试器

在开发过程中，编译器会检查源码的语法，但不关注算法逻辑上的缺陷。经验丰富的程序员编写程序时也不可避免地会出现算法逻辑上的错误，而发现并解决错误尤其重要。正所谓"工欲善其事，必先利其器"，一个功能强大的辅助调试工具会更好地协助程序员解决问题。在 Linux 操作系统中，GDB 是 C 和 C++语言最强大的调试工具之一。它可以跟踪程序的执行过程，让代码逐步执行，让程序暂停在某个位置，查看当前所有变量的值或者内存中的数据；也可以让程序一次只执行一条或者几条语句，查看程序到底执行了哪些代码。

V3-1　GDB 调试器

GDB 是在终端上执行的工具，编译程序时需在命令中加上-g 参数，如"gcc -g test.c -o test"，GDB 才可以调试此程序。

1. 安装 GDB 工具

在 Ubuntu 中执行安装命令："apt install gdb"。

在 EulerOS 中执行安装命令："yum install gdb"。

2. GDB 的基本命令

① gdb test：进入调试。test 为需要调试的程序，在编译时需要在命令中加上-g 参数表示已加上 GDB 调试信息。

进入 GDB 后，其会提供一个类似 Shell 的命令输入操作界面。

② list：显示代码，默认从第 0 行开始，显示连续 10 行源码。

"list 行号"用于指定从哪行开始显示其后的 10 行源码。

"list 函数名"用于显示指定函数的源码。

此功能需要源文件在当前程序的执行目录下。

③ break：设置断点。例如："break 9"表示设置当程序执行到第 9 行时暂停执行，便于查看此时变量的值；"break func"表示设置当执行到函数 func 时暂停执行；"info break"表示查看已设置的断点的状况。

④ run：执行调试程序。

⑤ display：查看变量值。例如："display a"表示显示变量 a 的值；"display a*b"表示显示变量 a 与变量 b 相乘的积。

注意，需要程序遇到断点并暂停执行方可查看变量的值。

⑥ next：单步执行调试，表示在程序遇到断点后，执行下一行代码。

⑦ continue：继续执行程序，表示程序正常执行，直到遇到下一个断点或程序结束为止。

⑧ quit：退出 GDB。

⑨ clear/delete：清除断点。例如："clear 行号"表示清除指定行号的断点；"delete 断点编号"表示清除指定编号的断点，断点编号可通过"info break"查看。

⑩ set：改变变量的值。例如："set a=33"表示在程序遇到断点时设置变量 a 的值为 33。

3.2.3　Makefile 项目管理

在开发工作中，对源文件的管理不可或缺。在 Windows 操作系统中，通常集成开发环境（Integrated Development Environment，IDE）集成了对工程源文件的管理功能。而 Linux 操作系统在开发上缺少 IDE 的支持，不论中小型还是大型的工程都通过 Makefile 管理源文件。一个工程中的源文件成千上万，按不同的功能和模块分别存放在不同的目录下。Makefile 制定了一系列规则，如源文件怎样编译、哪些源文件先编译、哪些源文件无须重编译，以及如何生成可执行程序等。规则一旦制定后，只需一个 make 命令，就会像 Shell 脚本一样按顺序执行及调用系统的各种命令，自动按需编译整个工程。

V3-2　Makefile
项目管理

1. Makefile 的根本规则

Makefile 是按倒序来描写的，即先写出最后的结果，再写出实现这个结果的依赖过程，其语法格式如下。

```
目标:依赖
    命令语句
```

如 test.c 文件需要被编译成 test 可执行文件，则目标就是 test，依赖是 test.c，命令语句用来描述如何把依赖 test.c 文件编译成目标，所以相应的 Makefile 可以如下。

```
test : test.c
  gcc test.c -o test
```

在 Makefile 中还可以加入备注信息，只要在其行首加上"#"表示注释即可。同时，需要注意命令语句只能写在"目标:依赖"行的下一行，且命令语句的行首是一个制表符（按键盘上的 Tab 键）而不是空格。

2. 多个源文件的 Makefile

现有一个工程由 main.c、a.c 两个源文件组成，按编译的过程应先把 main.c 编译成 main.o、把 a.c 编译成 a.o，再通过这两个.o 文件生成可执行文件。Makefile 内容可以如下。

```
#test 是最终生成的可执行文件，它由 main.o、a.o 生成
test : main.o a.o
    #这里描写当有依赖 main.o、a.o 后如何生成 test
    gcc main.o a.o -o test  #把 main.o、a.o 链接成 test

#main.o 是由 main.c 编译生成的，所以 main.o 依赖于 main.c
main.o : main.c
    gcc main.c -c -o main.o

#a.o 是由 a.c 编译生成的，所以 a.o 依赖于 a.c
a.o : a.c
    gcc a.c -c -o a.o
```

初学者可能觉得编写这样的 Makefile 比较烦琐，还不如直接执行"gcc.c 文件 -o test"命令方便，但该命令在执行时不会管哪些源文件已经被修改，会对其全部进行重新编译。

而实际项目中的源文件可能有成千上万个，这样程序的编译时间会非常长，且无法保证源文件的编译顺序。而使用 Makefile 管理时，再次编译前会检查源文件是否被修改过，如没有修改，则不会重新编译，即只会重新编译被修改过的源文件，这样就大大提高了编译的效率。

3. Makefile 中的目标与依赖符号

在命令语句中可用"$@"表示目标，"$<"表示第一个依赖，"$^"表示所有依赖。故上面的 Makefile 可更改如下。

```
test : main.o a.o
        gcc $^ -o $@
main.o : main.c
        gcc $< -c -o $@
a.o : a.c
        gcc $< -c -o $@
```

4. Makefile 中的通配符"%"

根据上面的 Makefile 可以发现 main.o 与 a.o 的生成除了文件名不一样，命令语句和文件扩展名都是一样的，所以用通配符表示文件名即可使一条语句适用于多个源文件。故上面的 Makefile 可更改如下。

```
test : main.o a.o
        gcc $^ -o $@
%.o : %.c
        gcc $< -c -o $@
```

5. Makefile 中的变量及赋值

Makefile 中的变量用法与 Shell 中的一样，无须声明即可直接使用，但变量的赋值需要放在目标外，不能在执行的命令语句中对变量进行赋值。赋值有 4 种符号："="、"?="、":="、"+="。

① "="表示直接赋值，如一个变量多次用"="赋值，则变量的值为最终指定的值。

```
A = hello #将变量 A 赋值为"hello"
B = ${A}  #变量 B 的值为变量 A 的值
A = world #将变量 A 的值修改为"world"

all:
    echo "B = " ${B}  #因使用"="赋值，故 B 为 A 的最终值"world"
    echo "A = " ${A}
```

② "?="表示如果此变量没有赋过值，则将其设为指定的值。

```
A ?= hello #将变量 A 赋值为"hello"
B ?= ${A}  #变量 B 的值为变量 A 的值
A ?= world #因变量 A 前面已被赋值，所以这里变量 A 的值不变，还是"hello"

all:
    echo "B = " ${B}  #输出"B = hello"
    echo "A = " ${A}  #输出"A = hello"
```

③ ":="表示从另一个变量取值时，是取它当前的值，而不是它最终的值。

```
A := hello #将变量 A 赋值为"hello"
B := ${A}  #变量 B 的值为变量 A 的当前值
```

```
A := world #将变量 A 的值改为"world"

all:
    echo "B = " ${B}  #输出"B = hello"
    echo "A = " ${A}  #输出"A = world"
```

④ "+="表示变量在当前值的基础上增加新值，如果新值是从另一个变量取的值，则使用该变量的最终值。

```
A += hello #将变量 A 赋值为"hello"
B += ${A}   #变量 B 的值为变量 A 的最终值
A += world #将变量 A 的值改为"hello world"

all:
    echo "B = " ${B}  #输出"B = hello world"
    echo "A = " ${A}  #输出"A = hello world"
```

6．Makefile 中的目标变量

在 Makefile 中，通常用 CROSS_COMPILE 变量指定交叉编译器的名称开头，用 OBJS 变量指定编译目标，用 TARGET 变量指定生成的程序文件名。在执行 Makefile 时，可以指定变量的值，如指定交叉编译器和生成的程序文件名："make CROSS_COMPILE=arm-linux-TARGET=mytest"。

```
CROSS_COMPILE ?=

OBJS += main.o
OBJS += a.o
OBJS += b.o
#OBJS += c.o #不需要编译 c.c 时注释此行即可
#OBJS += newfile.o #新增要编译的源文件时增加此行即可

TARGET ?= test

$(TARGET) : $(OBJS)
    $(CROSS_COMPILE)gcc $^ -o $@

%.o : %.c
    $(CROSS_COMPILE)gcc $< -c -o $@
```

7．Makefile 中的 PHoNY

在执行 Makefile 时，如不指定目标，则默认执行第一个目标，如"make test"表示只执行 Makefile 中的 test 目标。Makefile 中使用"PHoNY"表示目标时，可防止目录中文件名与目标名一致时出现冲突。

```
.PHONY : clean
clean:
    rm *.o -rf
```

3.3　项目实施

本项目主要在 Linux 操作系统中采用 C 语言的编程技术，将用户输入的学生成绩信息存

储到文件中；查询学生成绩时遍历文件，找到并输出指定的学生的成绩信息。

3.3.1　C 语言编程技术

C 语言功能强大，本项目主要应用以下几种 C 语言编程技术。

V3-3　C 语言编程
技术

1. 结构体

C 语言的结构体基本上是由多个现有的数据类型变量封装成的一种新类型，一个此类型的变量是由多个变量成员组成的。例如，定义学生成绩的结构体类型如下。

```
struct student {
    char id[20];       //学号
    char name[20];     //姓名
    float math;        //数学成绩
    float english;     //英语成绩
    float science;     //科学成绩
};
```

结构体类型定义好后，"struct student" 就是一种类型，声明该类型的变量 stu 时使用 "struct student stu"。stu 变量由 char 类型的数组变量 id 和 name，以及 3 个 float 类型的变量 math、english 及 science 等成员组成。访问结构体变量内部成员的方法是 "结构体变量名.变量成员名"。

2. 标准输入输出函数

（1）printf 函数

printf 函数是 C 语言中常用的输出函数，它可按指定的格式输出一个或多个变量的值。printf 函数原型如下。

```
#include <stdio.h>
int printf(const char *format, ...);
```

其中，format 为指定输出格式的字符串，...表示要输出的数量不固定的变量列表。

常用的输出格式有以下几种。

① %d 表示十进制有符号整数，如输出 int 类型变量 num 的值，语句为 "printf("%d\n", num);"。

② %u 表示十进制无符号整数，如输出 int 类型变量 num 的值，语句为 "printf("%u\n", num);"。

③ %f 表示浮点数，如输出 float 类型变量 fnum 的值，语句为 "printf("%f\n",fnum);"。同时，可控制浮点数的小数位数，如%9.2f 表示输出宽为 9 位的浮点数，其中小数位为 2，整数位为 6。

④ %s 表示字符串，如有字符串 char str[]="hello"，则输出语句为 "printf("%s\n",str);"。

⑤ %c 表示单个字符，如输出 char 类型变量 ch 的值，语句为 "printf("%c\n",ch);"。

⑥ %x 表示以十六进制输出整数，如以十六进制输出 int 类型变量 num，语句为 "printf("%x\n",num);"。

⑦ %p 表示按十六进制输出整数，功能与%x 一样，但是输出的值前带有 "0x"。

printf 函数可用于一次性输出多个变量的值，如一次性输出 int 类型变量 num、float 类型变量 fnum、char 类型变量 ch 的值，语句为 "printf("num = %d,fnum = %9.2f,ch = %c\n",num,fnum, ch);"。

（2）scanf 函数

scanf 函数是 C 语言中常用的输入函数，它可按指定格式接收用户输入的各种类型值并将其存入相应类型的变量。scanf 函数原型如下。

```
#include <stdio.h>
int scanf(const char *format, ...);
```

其中，format 为指定输入格式的字符串，...表示要保存输入值的变量列表。

scanf 函数指定输入格式的字符串与 printf 函数指定输出格式的字符串在格式上基本是一致的，如%d 都表示整数。但在调用 scanf 函数时，需要传入接收输入值的变量的地址。

例如，连续接收 3 个整数，将其分别存入 int 类型变量 a、b、c，最后输出这 3 个变量的值，代码如下。

```
#include <stdio.h>
int main(void)
{
    int a, b, c;
    scanf("%d %d %d", &a, &b, &c);
    printf("a = %d, b = %d, c = %d\n", a, b, c);
    return 0;
}
```

3．C 语言文件操作编程技术

（1）fopen 函数用于打开文件

文件在操作前必须要先打开，即让当前进程与文件建立联系。fopen 函数原型如下。

```
FILE *fopen(const char *pathname, const char *mode);
```

其中，pathname 参数用于指定要打开文件的路径，mode 用于指定打开文件的方式。

常用的打开方式有以下几种。

① r：以只读方式打开文件，只允许读取，不允许写入；文件必须存在，否则将打开失败。

② w：以写入方式打开文件，如果文件不存在，那么创建一个新文件；如果文件存在，那么清空文件内容。

③ a：以追加方式打开文件，如果文件不存在，那么创建一个新文件；如果文件存在，那么将写入的数据追加到文件的末尾。

④ r+：以读写方式打开文件，既可以读取也可以写入；打开的文件必须存在，否则将打开失败。

⑤ w+：以读写方式打开文件，相当于 w 和 r+叠加的效果。

⑥ a+：以追加方式打开文件，相当于 a 和 r+叠加的效果。

若文件打开失败，则 fopen 函数返回 NULL；如果文件打开成功，则返回一个 FILE 类型变量的地址，此地址应由一个 FILE 指针变量存放起来。一个文件可以打开多次，每次成功打开都会返回一个地址。

以只读的方式打开/home/stu/my.txt 文件的示例代码如下。

```
#include <stdio.h>
int main(void)
{
    FILE *fp;
```

```
        fp = fopen("/home/stu/my.txt", "r");
        if (NULL == fp)
        {
                perror("fopen"); //输出具体的错误信息
        }
        return 0;
}
```

（2）fclose 函数用于关闭文件

一个进程默认最多拥有已打开的 1024 个相同或不同的文件，所以当文件操作完毕后需要关闭文件。fclose 函数原型如下。

```
int fclose(FILE *stream);
```

其中，stream 参数表示打开文件得到的 FILE 类型变量的地址。

返回值：关闭成功则返回 0，关闭失败则返回负数。

（3）fread 函数用于读取文件内容

只有文件以只读或读写方式打开后，才可以读取文件中的内容。fread 函数原型如下。

```
size_t fread(void *ptr, size_t size, size_t nmemb, FILE *stream);
```

其中，ptr 指针变量用于存放从文件中读出的内容的缓冲区的首地址，size 表示要读取内容的单位字节数（低版本系统中不能超过 4096 个字节），nmemb 表示要读取多少个 size 大小的内容（共要读取的内容的大小为 size×nmemb），stream 表示已打开并具有读权限的文件。

返回值：读取成功则返回读取了多少个 size 大小的内容，为了便于计算成功读取的字节数，在调用 fread 时 size 参数值设为 1，nmemb 设为要读取的字节数。例如，读取 100 个字节，语句为"fread(ptr, 1, 100, stream);"。返回值为 0 时表示已读取到文件尾，返回值为负数时表示读取过程中发生了错误。

读取/home/stu/my.txt 文件并输出其内容的示例代码如下。

```
#include <stdio.h>
int main(void)
{
    FILE *fp; //记录打开文件的 FILE 类型变量的地址
    char ch;  //存放读取的一个字节的数据
    int ret;  //存放返回值

    fp = fopen("/home/stu/my.txt", "r");
    if (NULL == fp)
    {
            perror("fopen");
            return -1;
    }

    while (1)
    {
            ret = fread(&ch, 1, 1, fp); //只读取一个字节的数据: size=1, nmemb=1
            if (ret <= 0) //如果读到文件末尾或读取过程出错，则结束循环
                    break;
            printf("%c", ch);
    }
    fclose(fp); //关闭打开的文件
```

69

```
        return 0;
}
```

（4）fwrite 函数用于把内容写入文件

只有文件以只写或读写方式打开后，才可以把内容写入文件。fwrite 函数原型如下。
```
size_t fwrite(const void *ptr, size_t size, size_t nmemb, FILE *stream);
```

其中，ptr 指针变量用于存放要写入文件的内容的缓冲区的首地址，size 表示要写入内容的单位字节数（低版本系统中不能超过 4096 个字节），nmemb 表示要写入多少个 size 大小的内容（总共要写入的内容的大小为 size×nmemb），stream 表示已打开并具有写权限的文件。

返回值：写入成功则返回写入了多少个 size 大小的内容，为了便于计算成功写入的字节数，在调用 fwrite 时 size 参数值可设为 1，nmemb 设为要写入的字节数。例如，写入 100 个字节，语句为"fwrite(ptr, 1, 100, stream);"。返回值为 0 或负数时表示写入文件时发生错误，如打开的文件不具有写权限、磁盘空间不足等。

将一个字符串写入/home/stu/my.txt 文件的示例代码如下。

```c
#include <stdio.h>
int main(void)
{
    FILE *fp; //记录打开文件的 FILE 类型变量的地址
    char buf[] = "hello file"; //存放要写入的字符串内容
    int ret; //存放返回值

    fp = fopen("/home/stu/my.txt", "w"); //以只写方式打开文件
    if (NULL == fp)
    {
        perror("fopen");
        return -1;
    }

    ret = fwrite(buf, 1, sizeof(buf), fp);
    if (ret <= 0) //如果写入文件时发生错误，则输出具体错误信息
    {
        perror("fwirte");
    }

    fclose(fp); //关闭打开的文件
    return 0;
}
```

（5）rewind 函数用于设置文件的读写位置处于文件的开始位置

打开文件得到的每个 FILE 类型变量都有一个记录文件读写位置的偏移量，当打开文件时，此偏移量为 0，每次读或写操作时，偏移量会加上读或写操作的字节数。rewind 函数原型如下。
```
void rewind(FILE *stream);
```

其中，stream 为打开文件得到的 FILE 类型变量的地址。

在一个文件中写入一个字符串后在文件头重新写入另一个字符串的示例代码如下。
```c
#include <stdio.h>
int main(void)
{
    FILE *fp; //记录打开文件的 FILE 类型变量的地址
    char buf[] = "hello world";
```

```
char buf2[] = "abc";
fp = fopen("/home/stu/my.txt", "w");
if (NULL == fp)
{
        perror("fopen");
        return -1;
}
fwrite(buf, 1, sizeof(buf), fp); //写入字符串后，文件的读写位置为 11
rewind(fp);  //文件的读写位置设为 0
fwrite(buf2, 1, sizeof(buf2), fp); //在文件头写入"abc"字符串
fclose(fp);
return 0;
}
```

※3.3.2 功能模块分析

V3-4 功能模块
分析

本项目介绍的系统总体分两个功能模块，分别是新增学生成绩信息模块和查询学生成绩信息模块。模块的功能和特点如下。

① 新增学生成绩信息模块：接收用户输入的信息，将其存放到结构体变量中，并把结构体变量的值写入文件进行保存。

② 查询学生成绩信息模块：接收用户输入的学号，根据学号遍历整个文件，找到相应的学生记录并输出相应的成绩信息。

系统流程图如图 3-4 所示。

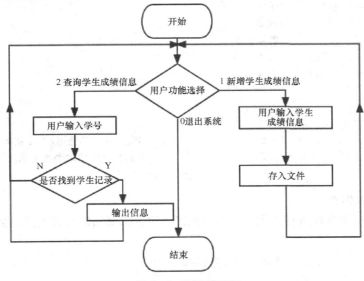

图 3-4 系统流程图

新增学生成绩信息模块与查询学生成绩信息模块的功能分别由 newStudent 和 findStudent 两个函数实现。系统具体实现流程如下。

步骤 1 功能菜单

用户可根据功能菜单选择操作，选择 0 时将退出系统，选择 1 时将新增学生成绩信息，

选择 2 时将查询学生成绩信息。主要功能代码如下。

```
int n = 0;
while (1)
{
    printf("0 —— 退出系统\n");
    printf("1 —— 新增学生成绩信息\n");
    printf("2 —— 查询学生成绩信息\n\n");
    printf("选择操作: ");
    scanf("%d", &n);
    switch (n) {
    case 0 :
        exit(0);
        break;
    case 1 :
        newStudent();
        break;
    case 2 :
        findStudent();
        break;
    }
}
```

步骤 2　学生成绩信息结构体

学生成绩信息由结构体 struct student 来描述，读写文件以结构体大小为单位。关键代码如下。

```
//定义描述学生成绩信息的结构体
struct student {
    char id[20];        //学号
    char name[20];      //姓名
    float math;         //数学成绩
    float english;      //英语成绩
    float science;      //科学成绩
};

struct student stu; //声明一个结构体变量
fwrite(&stu, 1, sizeof(stu), f1); //将结构体变量存放的值写入 f1 指向的文件
fread(&stu, 1, sizeof(stu), f1); //从 f1 指向的文件中按结构体大小读出值并存放于结构
                                 体变量中//
```

步骤 3　存放信息

使用结构体变量接收并存放用户输入的成绩信息，以追加的方式将其写到文件尾部。关键代码如下。

```
struct student stu; //声明一个结构体变量

//将用户输入的成绩信息用结构体变量存放起来
printf("输入学号: ");
scanf("%s", stu.id);
printf("输入姓名: ");
scanf("%s", stu.name);
printf("输入数学成绩:");
```

```
scanf("%f", &stu.math);
...
fl = fopen(STUFILE, "a");          //以追加方式打开存储文件
fwrite(&stu, 1, sizeof(stu), fl);   //将结构体变量存放的值写入文件
fclose(fl);        //关闭文件
```

步骤 4　查找信息

根据用户输入的要查找的学生的学号，以结构体大小为单位遍历整个存储文件，输出符合条件的学生的成绩信息。关键代码如下。

```
printf("输入要查找的学号: ");
scanf("%s", id);

fl = fopen(STUFILE, "r"); //以只读方式打开存储文件
  ...

while (1) //以结构体大小为单位读取文件，读取到文件尾为止
{
    //读取文件的信息并将其存放到结构体变量 stu 中
    if (fread(&stu, 1, sizeof(stu), fl) <= 0)
    break;
    //判断读出的学号是否与要查找的学号符合
    if (0 != strncmp(stu.id, id, strlen(id)))
     continue;   //若不符合，则回到循环体继续读取下一个学生的信息
    //若找到符合的学号，则输出对应学生信息
    printf("学号:%s  姓名:%s  数学成绩:%4.1f  英语成绩:%4.1f  科学成绩:%4.1f\n",
stu.id, stu.name, stu.math, stu.english, stu.science);
    count++;
}
printf("共找到%d 条记录\n\n", count);
```

※3.3.3　编写项目代码

为了便于项目管理，项目源码由多个文件组成。其中，student.h 头文件负责定义 student 结构体、定义存储文件路径及声明函数；newStudent.c 主要用于实现新增学生成绩信息功能；findStudent.c 主要用于实现查询学生成绩信息功能；main.c 主要负责与用户进行交互、调用其他文件功能；Makefile 负责整个项目源码的编译工作。

步骤 1　student.h 头文件

```
#ifndef STUDENT_H

struct student {
    char id[20];        //学号
    char name[20];      //姓名
    float math;         //数学成绩
    float english;      //英语成绩
    float science;      //科学成绩
};
```

```
//存储文件
#define STUFILE "/home/stu/stu.db"

//声明以下函数的函数体在其他文件中实现
extern int newStudent();  //新增学生成绩信息函数
extern int findStudent(); //查询学生成绩信息函数

#endif
```

步骤 2 newStudent.c 代码

```
#include <stdio.h>
#include <stdlib.h>
#include <string.h>
#include "student.h"   //包含头文件，此头文件中定义了结构体并声明了函数

int newStudent()
{
    FILE *fl;
    struct student stu; //声明一个结构体变量

    //将用户输入的成绩信息用结构体变量存放起来
    printf("输入学号: ");
    scanf("%s", stu.id);
    printf("输入姓名: ");
    scanf("%s", stu.name);

    printf("输入数学成绩: ");
    scanf("%f", &stu.math);
    printf("输入英语成绩: ");
    scanf("%f", &stu.english);
    printf("输入科学成绩: ");
    scanf("%f", &stu.science);

    fl = fopen(STUFILE, "a");      //以追加方式打开存储文件
    if (NULL == fl)
            return -1;

    if (fwrite(&stu,1, sizeof(stu), fl) <= 0)//将结构体变量存放的值写入文件
            return -2;

    fclose(fl);   //关闭文件

    return 0;
}
```

步骤 3 findStudent.c 代码

```
#include <stdio.h>
#include <stdlib.h>
#include <string.h>
#include "student.h"   //包含头文件，此头文件中定义了结构体并声明了函数

int findStudent()
{
    char id[20];
```

```
            FILE  *fl;
            struct student stu;
            int count = 0;  //存放查找到的记录的个数

            //接收用户要查找的学生的学号
            printf("输入要查找的学号:");
            scanf("%s", id);

            fl = fopen(STUFILE, "r");      //以只读方式打开存储文件
            if (NULL == fl)
                    return -1;
            while (1)  //以结构体大小为单位读取文件，读取到文件尾为止
            {
                    //读取文件的信息并将其存放到结构体变量 stu 中
                    if (fread(&stu, 1, sizeof(stu), fl) <= 0)
                            break;
                    //判断读出的学号是否与要查找的学号符合
                    if (0 != strncmp(stu.id, id, strlen(id)))
                            continue; //若不符合，则回到循环体继续读取一个学生的信息

                            printf("学号:%s  姓名:%s   数学成绩:%4.1f  英语成绩:%4.1f
科学成绩:%4.1f\n",stu.id, stu.name, stu.math, stu.english, stu.science);
                            count++; //计数加 1
            }
            printf("共找到%d 条记录\n\n", count);

            fclose(fl); //关闭文件
            getchar();  //处理 scanf 函数接收输入时接收的回车符
            getchar();  //暂停执行，直到用户按 Enter 键再继续执行
            return 0;
}
```

步骤 4   main.c 代码

```
#include <stdio.h>
#include <stdlib.h>
#include <string.h>
#include "student.h"  //包含头文件，此头文件中定义了结构体并声明了函数

int main(void)
{
    int n = 0;

    while (1)
    {
            printf("0 —— 退出系统\n");
            printf("1 —— 新增学生成绩信息\n");
            printf("2 —— 查询学生成绩信息\n\n");
            printf("选择操作:  ");
            scanf("%d", &n);

            switch (n) {
            case 0 :
                            exit(0);
```

```
                                break;
                case 1 :
                                newStudent();
                                break;
                case 2 :
                                findStudent();
                                break;
                }
        }
        return 0;
}
```

步骤 5　编写 Makefile

```
TARGET = testStudent
OBJS += main.o
OBJS += findStudent.o
OBJS += newStudent.o

$(TARGET) : $(OBJS)
 gcc $^ -o $@
%.o : %.c
 gcc $< -c -o $@

.PHONY : clean
clean:
 rm $(OBJS) $(TARGET) -rf
```

【知识总结】

1．Shell 本身是一个程序，它把用户直接输入的命令翻译成系统命令，并调用系统执行这些命令。

2．Shell 程序中往往需要通过调用系统命令来实现各种程序需求，所以熟悉 Linux 操作系统命令是学习 Shell 编程的基础。

3．Shell 语言与其他开发语言具有很多相同的功能，如变量的定义及赋值、条件判断和循环语句等。

4．一个 C 源程序需要经过预处理、编译、汇编、链接等过程才可以生成一个可执行文件。

5．GDB 可跟踪程序的执行过程，让代码逐步执行，并让程序暂停在某个位置，查看当前所有变量的值或者内存中的数据；也可以让程序一次只执行一条或者几条语句，查看程序到底执行了哪些代码。

6．在 Linux 操作系统中可选择通过 Makefile 对源文件进行管理，Makefile 的根本规则是按倒序来描述，即先写出最后的结果，再写出实现这个结果的依赖过程。

7．C 语言的结构体基本上是由多个现有的数据类型变量封装成的一种新类型，一个此类型的变量是由多个变量成员组成的。

8．printf 是 C 语言中常用的可格式化输出值的函数，scanf 是 C 语言中常用的可格式化输入值的函数。

9．在 C 语言文件操作编程中，常用的函数有 fopen、fclose、fread、fwrite 等。

【知识巩固】

一、选择题

1. 能以翻页形式查看文本的命令是（　　　）。

A. cat 　　　　　B. read 　　　　　C. less 　　　　　D. 以上都不是

2. 能改变指定文件或目录属主的命令是（　　　）。

A. chmod 　　　　B. chown 　　　　C. chgrp 　　　　D. 以上都不是

3. 在使用 GCC 编译程序时，（　　　）用于指定输出的文件名。

A. -g 　　　　　　B. -c 　　　　　　C. -f 　　　　　　D. -o

4. 在使用 GCC 编译程序时，通过（　　　）可加入调试信息，以便使用 GDB。

A. -g 　　　　　　B. -c 　　　　　　C. -l 　　　　　　D. -o

5. Makefile 中的通配符为（　　　）。

A. * 　　　　　　B. @ 　　　　　　C. $ 　　　　　　D. %

二、填空题

1. Vim 的 3 种工作模式分别是_____、_____和_____。

2. 一个 C 源程序需要经过_____、_____、_____和_____等过程才可以生成一个可执行文件。

3. Makefile 中变量赋值的 4 种符号分别是_____、_____、_____和_____。

4. 在 C 语言文件操作编程中，3 个常用的文件打开方式的符号是_____、_____和_____。

三、简答题

1. 请分别说明编程过程中预处理、编译、汇编、链接等步骤的作用。

2. 请说明 Makefile 在源码编译中的作用。

3. 请说明 C 语言的结构体的作用。

【拓展任务】

当前项目采用文本文件存放学生成绩信息数据，此时要删除一条位于文件中间的学生记录是比较困难的。可以试着先在文件中标记要删除的记录，当查询学生成绩时跳过标记的记录；当新增学生成绩时，先遍历文件，如找到标记的记录，则覆盖原记录即可，如没有找到标记的记录，则在文件末尾增加记录。

第4章
Linux Java编程基础及项目实战

04

【知识目标】

1. 学习 Linux 操作系统中的 Java Web 开发技术。
2. 了解 Java 语言技术特点。
3. 了解 Web 开发主流技术。
4. 掌握 JSP 技术特点。

【技能目标】

1. 掌握 Linux Java Web 开发环境的搭建方法。
2. 具备 Java 语法的系统性知识。
3. 掌握 HTML 及 JSP 语法基础。

【素养目标】

1. 培养良好的思想政治素质和职业道德。
2. 培养爱岗敬业、吃苦耐劳的品质。
3. 培养热爱学习、学以致用的作风。

【项目概述】

在物联网工程中，为了实现快速地跨平台部署统一标准的访问接口，通常在云服务器及应用层的用户程序上应用 Web 技术，让用户通过网页浏览器即可访问操作，而无须安装其他程序。前文在华为物联网云服务器搭建项目实战中，就是通过 Web 页面开展配置工作的。

在众多的 Web 开发技术中，Java 服务器页面（Java Server Pages，JSP）是一种具有性能强大、便于移植等特点的动态网页开发技术。它使用 JSP 标签在 HTML 网页中插入 Java 代码。标签通常以"<%"开头、以"%>"结束。为了在后文的物联网项目中实现服务器上的开发工作，本章将从 Java 语法及 HTML 基础开始介绍 JSP 开发技术。

【思维导图】

【知识准备】

Java 能在众多的开发语言中脱颖而出，与它的功能强大及简单易用的特性分不开。Java 语言抛弃了 C、C++中复杂的指针内存操作，集成了强大的内存管理功能，程序员只需申请使用内存空间而无须做内存回收的工作。此外，Java 语言具有健壮的移植性，源程序只需编译一次，即可通过虚拟机在各种平台上执行。

4.1 Linux Java 编程基础

在 Linux 操作系统中进行 Java 程序开发工作，除可以使用各种开源的强大开发工具外，还有利于熟识 Linux 操作系统的管理及维护。因 Web 应用最终大多是部署于 Linux 操作系统的服务器中的，习惯 Linux 操作系统中的开发环境将有助于 Web 应用的开发。

4.1.1 JDK 的安装配置

Java 开发工具包（Java Development Kit，JDK）是 Java 程序执行及开发必不可少的工具套件，Linux 操作系统中常用的是开源的 OpenJDK 而不是 Oracle 公司的 JDK。虽然 OpenJDK 与 Oracle 公司的 JDK 同源，功能大体相当，但是 OpenJDK 现由开源组织维护更新，对外提供源码；而 Oracle 公司的 JDK 由 Oracle 公司维护，功能上的更新虽然更为及时，但其只提供

V4-1 JDK 的安装配置

JDK 的压缩包，不开放源码。

1. JDK 的安装

在 Linux 操作系统中安装 OpenJDK 较为简单，通过安装源安装即可。

在 Ubuntu 中执行的安装命令为"sudo apt install openjdk-8-jdk"。

在 EulerOS 中执行的安装命令为"sudo yum install java-1.8.0-openjdk-devel"。

虽然 OpenJDK 与 Oracle 公司的 JDK 在功能上基本一致，但为了后续获得更好的兼容性，可以选择安装 Oracle 公司的 JDK。在浏览器中进入 Oracle 官网的 JDK 下载页面后，选择 JDK 的版本进行下载，如图 4-1 所示。

下载完成后，通过执行"sudo tar xf jdk-15.0.2_linux-x64_bin.tar.gz -C/usr/ local/"命令将 JDK 压缩包解压到/usr/ local 目录下，解压完成后，/usr/local/目录下会多出一个子目录 jdk-15.0.2。

2. JDK 的配置

在 EulerOS 中以管理员权限打开/etc/bashrc 文件，在 Ubuntu 中则打开/etc/bash.bashrc 文件，均需在文件尾增加语句来修改系统的环境变量 PATH，以便使用新安装的 JDK。增加的语句如下。

Java SE Development Kit 15.0.2

This software is licensed under the Oracle Technology Network License Agreement for Oracle Java SE

Product / File Description	File Size	Download
Linux x64 Debian Package	154.81 MB	⬇ jdk-15.0.2_linux-x64_bin.deb
Linux x64 RPM Package	162.03 MB	⬇ jdk-15.0.2_linux-x64_bin.rpm
Linux x64 Compressed Archive	179.35 MB	⬇ jdk-15.0.2_linux-x64_bin.tar.gz

图 4-1　JDK 下载页面

```
export PATH=/usr/local/jdk-15.0.2/bin:$PATH
```

增加后重启计算机即可生效。

因在操作系统中默认使用/usr/bin 目录下的命令，所以需要创建软链接将 JDK 中的命令链接到/usr/bin 目录下，执行以下命令完成软链接的创建。

```
    update-alternatives -install /usr/bin/java java /usr/local/jdk-15.0.2/bin/
java 300
    update-alternatives --install /usr/bin/javac javac /usr/local/jdk-15.0.2/bin/
javac 300
```

如果操作系统在安装 Oracle 公司的 JDK 前已有安装了其他版本的 JDK，则需配置具体使用哪个版本的 JDK，如图 4-2 所示，选择 JDK 的版本。

图 4-2　选择 JDK 的版本

根据提示信息输入相应的编号即可。安装完成后，可通过 java、javac 命令来进行 Java 环境测试，检测环境是否已经配置好，如图 4-3 所示。

```
root@stu-VirtualBox:/# java -version
java version "15.0.2" 2021-01-19
Java(TM) SE Runtime Environment (build 15.0.2+7-27)
Java HotSpot(TM) 64-Bit Server VM (build 15.0.2+7-27, mixed mode, sharing)
root@stu-VirtualBox:/# javac -version
javac 15.0.2
root@stu-VirtualBox:/#
```

图 4-3　Java 环境测试

4.1.2　Java 的基本语法

Java 语言简单易学，是一种完全面向对象的开发语言。和学习其他面向对象语言一样，读者需要重点掌握类的封装、继承和多态编程技术。在开始学习前，必须了解以下概念。

① 类：对有共同特征的一类事物的抽象描述。例如，小明和小刚是同一学校的学生，他们的共同点是学生，他们都属于学生类。

② 对象：类的具体实例，即一种类型的具体变量。例如，小明和小刚都归属于学生类，他们分别是独立的对象；对于 int a，可以把 int 类型看作一个类，变量 a 就是此类的一个对象。

③ 属性成员：类中描述事物静态特征的成员，每个对象都有自己的属性成员，用于记录专属于此对象的相关值。例如，学生类中可有姓名、学号等属性成员，以存放学生对象具体的名字、学号等信息。

④ 方法成员：类中描述事物行为动作的函数。例如，学生类中可有学习、吃饭、运动等方法成员。

1. Java 程序入口

Java 程序和 C/C++程序一样只能有一个 main 函数，且也是从 main 函数开始执行的。因 Java 是完全面向对象的语言，要求 main 函数必须放入一个公有的类（使用 public class）中，即使此 main 函数与此类无关。此外，一个 Java 源文件中只能有一个公有类，且源文件名必须与公有类类名一致。在 Hello.java 源文件中简单输出"hello java"的程序代码如下。

```
//输出"hello java"字符串
public class Hello {
    public static void main(String[] args) {
        System.out.println("hello java");
    }
}
```

在终端进行编译：
```
javac Hello.java
```
编译完成后会生成 Hello.class 文件。

在终端执行：
```
java Hello
```
程序在终端输出：
```
hello java
```

2. 类

在 Java 程序中，当记录一个学生的学号、姓名、年龄、联系电话、地址等信息时，可用 5 个独立变量分别存放各项信息数据。当记录两个学生的信息时，就需要 10 个变量；当记录 100

个乃至更多学生时，所需的变量就会非常多，变量命名也会是一项棘手的工作，且属于一个学生对象的每个变量都是一个独立的个体，独立变量无法直观地呈现一个学生的信息状况。简单有效的方法就是自定义一个 Student 类，其包含 id、name、age、tel、address 等属性成员，创建的 Student 类对象表示具体学生，对象独自拥有的属性成员分别记录相应信息。示例代码如下。

```
//自定义 Student 类
class Student {
    int id;              //学号
    String name;         //姓名
    int age;             //年龄
    String tel;          //联系电话
    String address;      //地址
} //定义好后 Student 就是一种类型，每个对象（变量）都拥有独自的 5 个属性成员

public class Test {
    public static void main(String [] args) {
        Student lily = new Student(); /*除 Java 自带的如 int 等基础类型外，其他类型都
需要用 new 声明对象后才可以访问*/
        lily.id = 11;
        lily.name = "李丽";
        lily.age = 20;
        lily.tel = "13012345678";
        lily.address = "广东省深圳市";
        System.out.println(lily.id + " " + lily.name + " " + lily.age + " " +
lily.tel + " " + lily.address); //输出学生信息

        Student lilei = new Student();
        lilei.id = 22;
        lilei.name = "李雷";
        lilei.age = 22;
        lilei.tel = "13911223344";
        lilei.address = "广东省广州市";
        System.out.println(lilei.id + " " + lilei.name + " " + lilei.age + " "
+ lilei.tel + " " + lilei.address); //输出学生信息
    }
}
```

3. 类的方法成员

Java 程序的类中，方法成员可用于描述行为动作，在方法中可直接读取或设置对象属性成员的值。但方法成员与属性成员不一样，创建的每个类对象都拥有自己的属性成员，以存放自身的数值，但方法成员是这个类的所有对象共同使用的，不属于某个对象。所以在方法成员代码中访问属性成员时，不能指定具体访问哪个对象的属性成员，只能指定要访问的属性成员名，当此方法成员被对象调用时，就使用该对象的属性成员。示例代码如下。

```
//自定义 Student 类
class Student {
    int id;              //学号
    String name;     //姓名
```

```
    int age;            //年龄
    String tel;         //联系电话
    String address;     //地址
    public void show() {
        /*方法成员是这个类的所有对象共用的，其中只能写出属性成员名，当对象调用此方法时，就
使用该对象的属性成员*/
        System.out.println(id + " " + name + " " + age + " " + tel + " " + address);
    }
}

public class Test {
    public static void main(String [] args) {
        Student lily = new Student(); /*除 Java 自带的如 int 等基础类型外，其他类型都
需要用 new 声明对象后才可以访问*/
        lily.id = 11;
        lily.name = "李丽";
        lily.age = 20;
        lily.tel = "13012345678";
        lily.address = "广东省深圳市";
        lily.show(); //对象调用方法成员，输出学生信息

        Student lilei = new Student();
        lilei.id = 22;
        lilei.name = "李雷";
        lilei.age = 22;
        lilei.tel = "13911223344";
        lilei.address = "广东省广州市";
        lilei.show(); //对象调用方法成员，输出学生信息
    }
}
```

4．类的构造方法

当创建一个有多个属性成员的对象后，初始化每个属性成员就会比较麻烦，为此，Java 类提供了构造方法，用于在创建对象的同时对属性成员进行初始化。每个类都有构造方法，如果没有定义构造方法，则编译器会自动为其分配一个默认的没有参数且什么也不做的构造方法，但一旦有自定义的构造方法，编译器就不会分配默认的构造方法。构造方法的名称必须与类名完全一致，一个类可以有多个构造方法，且构造方法是在创建对象时自动调用的，并不是由程序员主动调用的。例如，为 Student 类加上构造方法的示例代码如下。

```
//自定义 Student 类
class Student {
    int id;              //学号
    String name;         //姓名
    int age;             //年龄
    String tel;          //联系电话
    String address;      //地址
    public void show() {
        System.out.println(id + " " + name + " " + age + " " + tel + " " + address);
    }
```

```java
    //构造方法：根据创建对象时传递的参数初始化属性成员
    public Student(int id,String name,int age,String tel, String address) {
    //在类对象内部可使用 this 表示当前对象
        this.id = id;
        this.name = name;
        this.age = age;
        this.tel = tel;
        this.address = address;
    }
}

public class Test {
    public static void main(String [] args) {
        //用两个对象描述两个学生
        Student lily = new Student(11,"李丽", 20, "13012345678", "广东省深圳市");
        lily.show();
        Student lilei = new Student(22,"李雷", 22, "13911223344","广东省广州市");
        lilei.show();
    }
}
```

5. 类的方法重载

方法重载是指在一个类中有多个方法同名，且同名方法的参数的类型或个数不同。方法返回值的类型可以相同，也可以不相同。在编译器中，一个方法真正的名称是由方法原名和参数类型名组成的。编译器在处理调用重载方法的代码时，会自动根据调用时传递的参数个数和类型确定具体的方法。通常，类的构造方法都会用到重载。例如，重载 Student 类的构造方法，实现在创建对象时可选择带参数或不带参数，示例代码如下。

```java
//自定义 Student 类
class Student {
    int id;              //学号
    String name;         //姓名
    int age;             //年龄
    String tel;          //联系电话
    String address;      //地址
    public void show() {
        System.out.println(id + " " + name + " " + age + " " + tel + " " + address);
    }

    public Student(int id,String name,int age,String tel,String address) {
        System.out.println("带参数的构造方法");
    }
    public Student() { //不带参数的构造方法
        System.out.println("不带参数的构造方法");
    }
}

public class Test {
    public static void main(String [] args) {
        Student lily = new Student(11, "李丽", 20, "13012345678",  "广东省深圳市");
```

```
        //创建对象时调用带参数的构造方法
        Student lilei = new Student(); //创建对象时调用不带参数的构造方法
    }
}
```

6. 类的继承

继承是指在现有类的基础上加入新属性成员或新方法成员，以拓展出一个新的类。继承的语法格式如下。

```
class 父类 {
    ...
}
class 子类 extends 父类 {
    ...
}
```

子类是在父类的基础上拓展而来的，一个子类的对象由父类的一个对象和拓展部分组成。动物界的继承关系如图 4-4 所示。

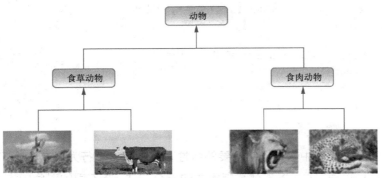

图 4-4　动物界的继承关系

兔子和牛属于食草动物，狮子和豹子属于食肉动物，而食草动物和食肉动物又都属于动物类，所以继承需要符合的关系如下：父类具有共性，子类具有个性。

虽然食草动物和食肉动物都属于动物，但是两者在属性和行为上有差别，所以子类除具有父类的一般特性外，还会具有自身的特性。例如，先实现动物类，再派生出兔子类及狮子类的示例代码如下。

```
class Animal {
    private String name; //记录动物名称
    private String food; //记录动物的食物

    public Animal(String name, String food) { /*创建动物对象时需要指定其名称及食物*/
        this.name = name;
        this.food = food;
    }
    public void eat() {
        System.out.println(name + "吃" + food);
    }
}
/*兔子也是动物，所以继承自动物类，具有动物类的属性成员及方法成员，子类不会存在重复的代码*/
```

```
class Rabbit extends Animal {
    public Rabbit(String name, String food) {
        /*兔子类对象是属于动物类对象的，所以创建兔子类对象时动物类的构造方法会被触发
并需要为其传递参数*/
        super(name, food); /*调用父类的构造方法并传递参数，super 表示父类*/
    }
}

//狮子也是动物
class Lion extends Animal {
    public Lion(String name, String food) {
        super(name, food); //调用父类的构造方法并传递参数
    }
}

public class TestExtends {
    public static void main(String[] args) {
        Rabbit r = new Rabbit("兔子", "草");
        r.eat();

        Lion l = new Lion("狮子", "肉");
        l.eat();
    }
}
```

7. 多态

多态是面向对象语言中一个非常重要的特性，是指同一个行为具有多个不同表现形式或形态的能力。在 Java 语言中，多态就是指类中的一个方法，在不同的对象中执行不同的操作。

实现多态必须满足以下 3 个条件。

① 存在继承的关系。

② 在子类中重新实现父类中的方法成员。

③ 通过父类引用调用子类对象重写的方法，如"Parent p = new Child();"。

在一款角色扮演游戏中，有战士和魔法师两种游戏角色，这两种角色的战斗技能和防御技能不同，而游戏副本适用于所有角色，并不是针对某种具体角色设计的。示例代码如下。

```
//游戏角色类
class Role {
    public void fight() { //角色战斗技能
        System.out.println("role fights");
    }
    public void defend() { //角色防御技能
        System.out.println("role defends");
    }
}
public class Main {
    public static void main(String[] args) {
        play(new Warrior());
        play(new Magician());
```

```
    }

    public static void play(Role r) {
       //副本: 战斗、战斗、防御
       r.fight();
       r.fight();
       r.defend();
    }
}

class Warrior extends Role {  //战士类
    public void fight() {  //重写角色战斗技能
       System.out.println("warrior fights");
    }
    public void defend() {  //重写角色防御技能
       System.out.println("warrior defends");
    }
}

class Magician extends Role {//魔法师类
    public void fight() {  //重写角色战斗技能
       System.out.println("magician fights");
    }
    // 不重写 defend 方法, 使用父类的 defend 方法
}
```

　　根据示例代码可见，多态的好处是只要确定父类 Role，就可以编写副本，而具体游戏角色类只需从 Role 派生出来即可适用于此副本。所以多态常用于程序的系统架构，只要架构设立完，无论后期功能如何更新，架构都无须经过修改就可以向后兼容。

8. 抽象类

　　在 Java 语言中使用 abstract class 定义的类叫作抽象类，除不能直接创建对象外，类的其他功能都被保留。抽象类通常只负责定义方法的形式，不具体实现方法功能，由它的子类负责具体实现。这种由父类定义，在子类中实现的方法叫作抽象方法，而有抽象方法的类叫作抽象类。例如，在上例源码中，把 Role 类改成抽象类的代码如下。

```
//抽象的游戏角色类
abstract class Role {
    public abstract void fight(); //抽象方法
    public abstract void defend(); //抽象方法
}


public class Main {
    public static void main(String[] args) {
        play(new Warrior());
        play(new Magician());
    }

    public static void play(Role r) {
        //副本: 战斗、战斗、防御
```

```
                r.fight();
                r.fight();
                r.defend();
        }
}


class Warrior extends Role {              //战士类，继承抽象类必须实现其所有抽象方法
    public void fight() {                 //重写角色战斗技能
            System.out.println("warrior fights");
    }
    public void defend() {                //重写角色防御技能
            System.out.println("warrior defends");
    }
}

class Magician extends Role {             //魔法师类
    public void fight() {                 //重写角色战斗技能
            System.out.println("magician fights");
    }
    public void defend() {                //重写角色防御技能
            System.out.println("magician defends");
    }
}
```

9．接口

接口在 Java 中就是只有抽象方法和常量的集合。一个类可通过 implements 实现接口，以继承接口的抽象方法。一个实现接口的类，必须实现接口内描述的所有抽象方法，否则必须将该接口声明为抽象类。抽象方法虽然可以在抽象类中定义，但抽象类中也可能存在其他非抽象的方法，而接口中的方法必须都是抽象的；同时，一个类只能继承一个类或抽象类，但可以实现多个接口。接口的语法格式如下。

```
[可见度] interface 接口名称 [extends 其他的接口名] {
    // 声明常量
    // 抽象方法
}
```

将游戏角色以接口形式实现的代码如下。

```
//游戏角色接口
interface Role {
    public abstract void fight(); //抽象方法
    public abstract void defend(); //抽象方法
}


public class Main {
    public static void main(String[] args) {
            play(new Warrior());
            play(new Magician());
    }
```

```
        public static void play(Role r) {
                //副本：战斗、战斗、防御
                r.fight();
                r.fight();
                r.defend();
        }
}


class Warrior implements Role {              //战士类
    public void fight() {                    //重写角色战斗技能
            System.out.println("warrior fights");
    }
    public void defend() {                   //重写角色防御技能
            System.out.println("warrior defends");
    }
}

class Magician implements Role {          //魔法师类
    public void fight() {                    //重写角色战斗技能
            System.out.println("magician fights");
    }
    public void defend() {                   //重写角色防御技能
            System.out.println("magician defends");
    }
}
```

4.2 Linux Java Web 开发基础

Java Web 开发是 Java 开发方向之一。Web 程序是指通过浏览器访问的程序，通常也被称为 Web 应用。一个 Web 应用由多个静态 Web 资源和动态 Web 资源组成，如 HTML 文件、CSS 文件、JS 文件、JSP 文件、Java 程序、JAR 包、配置文件等，与用户交互的页面数据由 Web 服务器提供及处理。

4.2.1 Java Web 开发环境搭建

Java Web 开发除要配置 Java 开发环境外，还需要配置 Web 服务器。这里将采用 Tomcat 服务器，它是一个开源的、应用极广的轻量级 Web 服务器，以下是 Tomcat 服务器的配置步骤。

① 确保 JDK 已正确安装，安装配置过程参考 4.1.1 节。

② 安装 Web 服务器 Tomcat。

在浏览器中访问 Tomcat 下载页面后，单击相应的超链接进行下载，如图 4-5 所示。

V4-2　Java Web
开发环境搭建 1

V4-3　Java Web
开发环境搭建 2

下载完成后，通过执行"sudo tar xf apache-tomcat-9.0.58.tar.gz -C/usr/local/"命令将压缩包解压到/usr/local 目录下，解压完成后，Tomcat 在/usr/local/apache-tomcat-9.0.58 路径下，此路径在后文的配置中需要使用到。这里只需解压，无须进行其他操作。

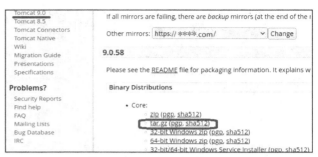

图 4-5　Tomcat 下载页面

1. 安装 Eclipse 开发工具

在浏览器中访问 Eclipse 下载页面后，选择下载包含 Web 开发的企业版 Eclipse 的 Linux 操作系统版本，如图 4-6 所示。

图 4-6　Eclipse 下载页面

下载完成后，通过执行"sudo tar xf eclipse-jee-2019-12-R-linux-gtk-x86_64.tar.gz -C /usr/local/"命令将压缩包解压到/usr/local 目录下，解压完成后，Eclipse 在/usr/local/eclipse/路径下，可通过执行"sudo /usr/local/eclipse/eclipse"命令打开 Eclipse。注意，必须使用管理员权限打开 Eclipse，否则后文操作可能会失败。

2. 新建并配置程序

启动 Eclipse 后，设置工作空间目录，如图 4-7 所示，设置完成后单击"Launch"按钮进入主界面。

进入主页面后，关闭欢迎页面，创建工程类型，这里选择"Create a Dynamic Web project"选项，如图 4-8 所示。

图 4-7　设置工作空间目录

图 4-8　创建工程类型

在弹出的对话框中，设置工程信息，如图 4-9 所示，单击"New Runtime"按钮，进入选择服务器版本页面，如图 4-10 所示，选择 Apache Tomcat v9.0 作为服务器。

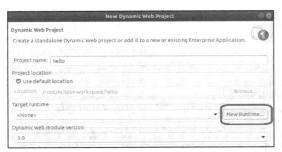

图 4-9　设置工程信息

图 4-10　选择服务器版本页面

选择服务器版本后，单击"Next"按钮，进入 Tomcat 服务器配置页面，如图 4-11 所示，在此页面中指定 Tomcat 所在路径并指定使用 JDK 作为 Java 程序的执行环境。

设置完成后，单击"Finish"按钮，保存设置并退出 Tomcat 服务器配置页面。回到新建工程对话框，软件会自动选择配置好的 Tomcat 服务器，如图 4-12 所示。

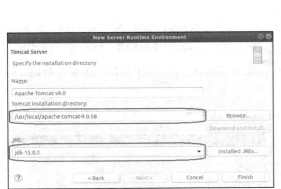

图 4-11　Tomcat 服务器配置页面

图 4-12　新建工程对话框

确认使用的 Tomcat 服务器后，单击"Next"按钮，进入工程目录的设置页面，如图 4-13 所示。

在此页面中使用默认设置即可，表示工程的网页文件是保存在 WebContent 目录中的。单击"Finish"按钮，生成工程。工程生成后，虽然工程已指定使用 Tomcat 作为服务器，但是需要创建一个 Tomcat 服务器的实例用作工程的测试服务器。在 Eclipse 主页面中，通过选择"Window"→"Show View"→"Server"选项，软件底部将出现"Servers"选项卡。但因尚未创建服务器实例，故不显示服务器状态信息，如图 4-14 所示，通过单击标注的超链接进入创建服务器页面，如图 4-15 所示，选择 Tomcat v9.0 Server，可以设置服务器名称或者使用默认设置。

确认配置后，单击"Next"按钮，进入服务器增加工程页面，如图 4-16 所示，并把"hello"工程增加到新建的服务器实例中。

图 4-13　工程目录的设置页面

图 4-14　不显示服务器状态信息

图 4-15　创建服务器页面

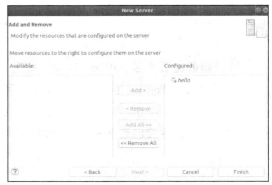

图 4-16　服务器增加工程页面

单击"Finish"按钮，完成新建服务器的设置。此时，Eclipse 底部的"Servers"选项卡中会出现设置的服务器名。此时，工程虽然已创建，但是工程内没有网页文件，还无法进行测试。在 Eclipse 中右击工程名后，在快捷菜单中选择"New"→"JSP File"选项，新建 JSP 文件，如图 4-17 所示。

在新建 JSP 文件的配置窗口中设置文件名，如图 4-18 所示。

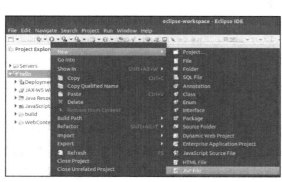

图 4-17　新建 JSP 文件

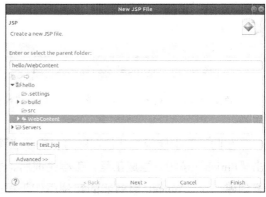

图 4-18　设置文件名

确认文件名后，单击"Next"按钮，进入文件编辑页面。新建的 JSP 文件中只有基本的网页框架，需要在<body>与</body>间输入与网页显示相关的内容，test.jsp 的内容如图 4-19 所示。

网页内容编辑完成后，单击 ⓞ ▾ 按钮，在下拉列表中选择"Run As"→"Run on Server"选项，执行 JSP 文件，如图 4-20 所示。

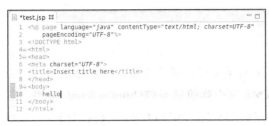

图 4-19　test.jsp 的内容

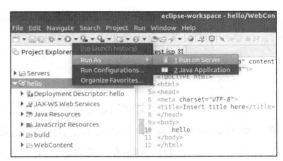

图 4-20　执行 JSP 文件

弹出"Run On Server"对话框，选择前文创建好的 Tomcat 服务器实例作为启动服务器，如图 4-21 所示。

选择启动服务器后，单击"Finish"按钮，之后会自动启动 Tomcat 服务器并在 Eclipse 的浏览器中打开网页文件，JSP 文件执行效果如图 4-22 所示。

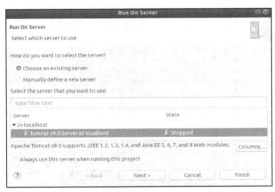

图 4-21　选择启动服务器

图 4-22　JSP 文件执行效果

也可以在操作系统的浏览器地址栏中访问网址 http://localhost:8080/hello/test.jsp，测试并浏览网页文件。

4.2.2　HTML 基础

在各种动态网页开发技术中，无论哪种技术都无法脱离超文本标记语言（Hypertext Markup Language，HTML）的支持，这些动态网页技术无非就是在静态的 HTML 页面基础上添加了动态的交互内容。而 Java Web 开发基本上是在 HTML 网页中插入部分 JavaScript 程序，所以在学习 Java Web 开发前必须先掌握 HTML 基础。

1．HTML 的基本标签

HTML 用来描述 Web 文档数据。用户可以通过网页超链接来访问这种 Web 文档，从而达到信息展示、信息共享的目的。下面是一个简单的 HTML 文件的例子。

```
<html>
    <head>
        <meta charset="UTF-8">
```

```
            <title>Insert title here</title>
        </head>
        <body>
                hello
        </body>
</html>
```

通过这个 HTML 文件可以看出 HTML 文件的简单结构，其内容是用成对标签进行划分的，<…>表示开始，而</…>表示结束。每个 HTML 文件都包括一对<html></html>标签，这是所有 HTML 文件所必需的，其中，<html>表示文件的开始，</html>表示文件的结束，这两者之间是文件的内容。这对标签中包括<head></head>和<body></body>等。其中，<head></head>中放置的是 HTML 文件的头信息，包括浏览器中网页的标题、关键字、页面编码格式等基本信息；<body></body>中放置的是文件要展示的内容，以上例子要展示的仅是"hello"。

2. 表格标签

在 HTML 的布局标签中，<table>标签是使用频率最高的标签之一。它可以把一组信息用表格的形式展示出来，具体示例代码如下。

```
<html>
    <head>
        <title>我的表格</title>
    </head>
    <body>
        <table border="1">
            <tr>
                <td>第一行第一列</td>
                <td>第一行第二列</td>
            </tr>

            <tr>
                <td>第二行第一列</td>
                <td>第二行第二列</td>
            </tr>

            <tr>
                <td>第三行第一列</td>
                <td>第三行第二列</td>
            </tr>

        </table>
    </body>
</html>
```

这段代码展示了表格的基本用法，其中，<table></table>的含义是表格，这个表格有一个属性 border="1"，含义是这个表格的边框是 1 像素的。表格中间有<tr></tr>，表示表格的行，行中的<td></td>表示表格的列，<td></td>中间有文字，这是此单元格要显示的内容。其中，<td></td>必须用在<tr>与</tr>之间，而<tr></tr>只可以用在<table></table>之间。如果这3 对标签的位置或者顺序错误，则整个表格将无法正常显示。以上代码表示的是一个 3 行 2 列的表格，表格效果如图 4-23 所示。

3．超链接标签

在浏览一个网站的时候，用户经常会遇到一些带超链接功能的文字，单击超链接即可导航到其他的页面。这种超链接使用的就是<a></a>。超链接示例代码如下。

图 4-23　表格效果

```html
<html>
    <head>
        <title>百度一下</title>
    </head>
    <body>
        <a href="http://www.baidu.com" target="_self">百度百度</a>
    </body>
</html>
```

超链接语句如下。

```html
<a href="http://www.baidu.com" target="_self">百度百度</a>
```

其中，<a></a>是超链接标签；href 是超链接的地址，这里指向百度网站；target="_self" 指的是在当前浏览器窗口中打开这个链接，这个属性的值还可以是_blank、_parent、_top。其中，_blank 表示在浏览器新窗口中打开，_parent 表示在上一级窗口中打开，_top 表示在浏览器整个窗口中打开。"百度百度"是在这个超链接标签中的内容，单击这 4 个字的时候会跳转到链接地址。超链接的效果如图 4-24 所示。

单击"百度百度"超链接，会在当前窗口中打开百度网站主页面。

4．图片标签

在目前的 Web 开发中，一个美观的网页

图 4-24　超链接的效果

对图片的依赖是其他页面元素所不能替代的，网页中图片的标签是<img></img>，如缩小一半显示 bg.jpg 图片的代码如下。

```html
<html>
    <head>
        <title> 图片示例</title>
    </head>
    <body>
        <img src="bg.jpg" width="50%" height="50%"></img>
    </body>
</html>
```

其中，需要在 Eclipse 中将 bg.jpg 图片粘贴到工程的 WebContent 目录下，图片缩小效果如图 4-25 所示。

5．表单标签

在网页中接收用户输入的信息时需要使用表单，<form></form>表示表单，只有在这个标签中的用户输入的信息才会被提交给服

图 4-25　图片缩小效果

务器。表单标签的语法格式如下。

```
<form action="url" method="get|post"></form>
```

其中，action 属性用于指明处理表单数据的程序的统一资源定位符（Uniform Resource Locator，URL）；method 属性用于指明传送这个表单中的数据所使用的方法，method 属性有两个可选值，get 表示将输入的数据追加到 action 指定的地址后面，并传送到服务器，而post 表示将输入的数据按照 HTTP 中的 post 传输方式传送到服务器。

6. 输入标签

在表单中可以包含用输入标签收集的用户输入的数据，其中，<input></input>是输入标签。输入标签的语法格式如下。

```
<input type="text"></input>
```

其中，type 属性用于指明用户的输入方式，type 可以选择的值如下。

① button，即一个简单的按钮。

② checkbox，即复选框。

③ file，即文件选择对话框。

④ hidden，即隐藏域，用于提交一个不想显示的值。

⑤ image，即图片按钮。

⑥ password，即密码输入框，当输入密码的时候，输入的数据会自动变为小黑点。

⑦ radio，即单选按钮。

⑧ reset，即复位按钮，这个按钮的功能是把当前表单中所有已经输入的数据清空。

⑨ submit，即提交按钮，单击这个按钮，会把表单中所有的输入数据提交给 action 对应的处理对象，对于一个表单来说，这个按钮是必不可缺的，因为表单的作用就是提交用户输入信息到服务器。

⑩ text，即文本框，在表单中使用得比较多。

7. 下拉列表标签

除了<input></input>，表单中还有<select></select>，即下拉列表，其中的每一个下拉选项都是由<option></option>（其中</input>、</option>可省略）构成的。下面给出一个学生信息输入页面的代码。

```
<html>
    <head>
        <title>学生信息输入</title>
    </head>
    <body>
        <form action="" method="post">
            学号: <input type="text" name="stuId"></input><br>
            姓名: <input type="text" name="stuName"></input><br>
            联系电话: <input type="text" name="stuTel"></input><br>
            性别: <input type="radio" name="sex" value="男">男
                  <input type="radio" name="sex" value="女">女<br>
            年级: <select name="stuGrade">
                <option value="0">-请选择年级-</option>
```

```
                        <option value="2018">2018</option>
                        <option value="2019">2019</option>
                        <option value="2020">2020</option>
                        <option value="2021">2021</option>
                    </select>年<br>
            住址：<input type="text" name="stuAddr"></input><br>
            兴趣：<input name="habit" type="checkbox" value="1">音乐</input>
                  <input name="habit" type="checkbox" value="2">动漫</input>
                  <input name="habit" type="checkbox" value="3">电影</input>
<br>
            <input type="submit" value="提交"/>
            <input type="reset" value="取消" />
        </form>
    </body>
</html>
```

需要注意的是，在使用单选按钮和复选框时，同一组组件的名称必须相同，名称不同表示组件属于不同的组。学生信息输入页面效果如图 4-26 所示。

图 4-26　学生信息输入页面效果

4.2.3　JavaScript 基础

JavaScript 是一种简单的脚本语言，这种脚本语言可以直接嵌套在 HTML 代码中，可响应一系列的事件。当一个 JavaScript 函数响应的动作发生时，浏览器会执行对应的 JavaScript 代码，从而在浏览器中实现与用户的交互。

1. 按钮事件

JavaScript 主要的功能就是与用户进行交互，用户只能在表单中提交输入内容，表单的所有输入标签都可以触发鼠标事件、键盘事件等。

按钮常用的触发事件如下。

① onclick：在单击按钮时触发。

② ondblclick：在双击按钮时触发。

③ onfocus：在按钮获得焦点时触发。

④ onkeydown：在键盘按键被按时触发。

⑤ onkeyup：在键盘按键弹起时触发。

⑥ onmousedown：在鼠标按键被按时触发。

⑦ onmousemove：在鼠标移动时触发。

下面通过按钮事件实现单击和双击调用 JavaScript 函数，具体代码如下。

```html
<html>
    <head>
        <title>按钮事件</title>
    </head>
    <body>
        <script language="javascript">
        function clicktest() {
            alert("单击事件测试！"); //弹出一个消息框
        }
        function dblclicktest() {
            alert("双击事件测试！"); //弹出一个消息框
        }
        </script>
        <form action="" method="post">
            <input type="button" value="单击事件测试" onclick="clicktest()">
            <input type="button" value="双击事件测试" ondblclick="dblclicktest()">
        </form>
    </body>
</html>
```

以上就是 JavaScript 代码的基本格式，其中所有的 JavaScript 代码都是以函数的形式存在的，HTML 代码触发的事件会调用这些函数。以上代码实现的功能是一个按钮在被单击时弹出对话框，另一个按钮在被双击时弹出对话框。按钮事件效果如图 4-27 所示。

图 4-27　按钮事件效果

2. JavaScript 内置的 HTML 对象

JavaScript 所实现的动态功能基本上是对 HTML 文件或者 HTML 文件运行的环境进行的操作。要想实现这些动态功能，就必须找到相应的对象。JavaScript 中内置了 6 个对象供开发者直接调用，如图 4-28 所示。

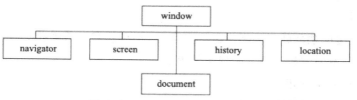

图 4-28　JavaScript 的内置对象

① window 对象是最顶层的对象，HTML 文件在 window 对象中显示。当打开任意一个浏览器窗口，甚至一个空白窗口时，在内存中就已经定义了一个 window 对象。

② navigator 对象可以用于读取浏览器的相关信息。

③ screen 对象可以用于读取浏览器运行的环境参数，如屏幕的宽度和高度等。

④ document 对象代表整个 HTML 文件的内容，每个 HTML 文件被浏览器加载以后都会在内存中初始化一个 document 对象，document 对象还可以进一步划分出 html、head、body 等分支。

⑤ history 对象可以用于控制浏览器的前进和后退。

⑥ location 对象可以用于控制页面的跳转。

这里着重讲解 window 对象和 document 对象。

（1）window 对象

window 对象可以用于创建浏览器窗口，也可以用于关闭浏览器窗口，具体的操作示例代码如下。

```html
<html>
    <head>
        <title>窗口的创建和关闭</title>
        <script type="text/javascript">
        var win = null; //声明变量，存放创建的 window 对象
        function createWin() {
            if (null == win)
                win = window.open("","","width=320,height=240");
        }
        function closeWin() {
            if (win) {
                win.close();
                win = null;
            }
        }
        </script>
    </head>
    <body>
        <form>
            <input type="button" value="创建新窗口" onclick="createWin()">
            <input type="button" value="关闭新窗口" onclick="closeWin()">
        </form>
    </body>
</html>
```

运行此代码会产生一个有两个按钮的页面，单击"创建新窗口"按钮后打开一个 320 像素×240 像素的新窗口；单击"关闭新窗口"按钮，则关闭新窗口。window 对象创建新窗口的效果如图 4-29 所示。

图 4-29　window 对象创建新窗口的效果

在 window 对象中，有 3 种常用的消息框，第一种是警告消息框，第二种是确认消息框，第三种是输入消息框。这 3 种消息框的示例用法如下。

```html
<html>
    <head>
        <title>3 种消息框</title>
        <script type="text/javascript">
        function alertDialog() {
            alert("警告消息框");
        }
        function confirmDialog() {
            if(window.confirm("确认消息框，你确定吗？"))
            alert("您选择了确定！");
            else
            alert("您选择了取消");
        }
        function inputDialog() {
            var input = window.prompt("输入消息框，请输入：");
            if(input !=null)
            {
            alert("您输入的内容为"+input);
            }
        }
        </script>
    </head>
    <body>
        <form>
            <input type="button" value="警告消息框" onclick="alertDialog()">
            <input type="button" value="确认消息框" onclick="confirmDialog()">
            <input type="button" value="输入消息框" onclick="inputDialog()">
        </form>
    </body>
</html>
```

3 种消息框的效果如图 4-30 所示。

图 4-30　3 种消息框的效果

（2）document 对象

document 对象是在 HTML 开发过程中使用最频繁和最重要的对象之一，利用 document 对象可以访问页面中的任何元素，通过控制这些元素可以完成与用户的交互。所有的 HTML 页面元素都可以用 document.getElementById 方法进行访问。表单元素可以使用 document. forms["formName"]或者 document.forms["formIndex"]进行访问，其中，formName 是表单的名称，formIndex 是表单的序号。document 对象不仅可以取出或者设置 HTML 页面元素的值，还可以动态生成新的 HTML 页面。示例代码如下。

```
<html>
    <head>
        <title>测试代码生成页面</title>
        <script type=text/javascript">
        function createHtml() {
            var content = "<html><head><title>代码生成的html</title></head>";
            content += "<body>动态创建页面的内容";
            content += "<form><input type=button value=test></form></body>
</html>";
            var win = window.open();
            win.document.write(content);
            win.document.close();
        }
        </script>
    </head>
    <body>
        <form>
        <input type="button" value="创建 HTML" onclick="createHtml()">
        </form>
    </body>
</html>
```

document 对象动态创建页面的效果如图 4-31
所示。

document 对象可以用于获取表单元素的值，
如在浏览器中对用户输入的信息进行简单验证，验
证规则如下：用户名为 root，密码为 12345678。
示例代码如下。

图 4-31　document 对象动态创建页面的效

```
<html>
    <head>
        <title>表单输入验证示例</title>
        <script type="text/javascript">
        function validate()
        {
            var userName=document.forms[0].userName.value;
            var password=document.forms[0].password.value;
            if(userName.length<=0) {
                alert("用户名不能为空! ");
                return false;
            }
            if(password<=0) {
                alert("密码不能为空! ");
                return false;
            }
            if (userName != "root") {
                alert("用户名错误! ");
                return false;
            }
             if(password!="12345678") {
```

```
                    alert("密码错误！");
                    return false;
            }

            alert("验证通过，表单可以提交！");
            document.forms[0].submit();
        }
    </script>
</head>
<body>
    <form action="" method="post">
    用户名: <input type="text" name="userName"></input><br>
    密码: <input type="password" name="password"></input><br>
    <input type="button" value="提交" onClick="validate()"/>
    <input type="reset" value="取消" />
    </form>
</body>
</html>
```

document 对象获取表单输入信息的效果如图 4-32 所示。

图 4-32　document 对象获取表单输入信息的效果

※4.2.4　JSP 基础

JavaScript 通常运行在前台中，即用户浏览器中，嵌套在 HTML 代码中的 JavaScript 程序直接被浏览器解释、执行，通常不需要后台服务器的支持。而运行在后台服务器上，负责调用后台数据库中数据的工作由 JSP 来完成。JavaScript 使用<script></script>标签，而 JSP 使用<%></%>标签（其中</%>可省略）。

JSP 页面分为两部分：静态部分和动态部分。

① 静态部分称为模板文本，这一部分是 JSP 容器无法处理的，基本上会原封不动地由服务器传递到客户端，一般由 HTML 代码组成。

② 动态部分与调用的 Java 代码有关，根据调用方式的不同，主要有指令标记、声明标记、脚本标记、表达式标记、动作标记、注释标记等。

JSP 指令标记主要用来设定 JSP 页面的整体配置信息，其语法格式如下。

```
<%@ JSP 指令标记 属性 1 属性 2 ... 属性 n %>
```

常用的 JSP 指令标记有 page、include 这两种。

1. page 指令标记

page 指令标记描述和页面相关的信息。在一个 JSP 页面中，page 指令标记可以出现多次，但是在每个 page 指令标记中，每一种属性只能出现一次。page 指令标记可以用来定义 JSP 页面的全局属性，如编码方式、错误处理页面等。page 指令标记的属性有很多，常用的有以下几个。

① language 属性：用来设置页面所使用的语言，对于 JSP 来说，要选择 Java，具体设置方法如下。

```
<%@ page language="java" %>
```

② import 属性：用来引入用到的包或者类，这个属性的设置方法如下。

```
<%@ page import="java.util.×" %>
```

在上面这行代码中，以引入 java.util.× 包为例展示了在 JSP 中引入包或者类的方法。

③ contentType 属性：用于设置 JSP 页面的多用途互联网邮件扩展（Multipurpose Internet Mail Extensions，MIME）类型，并指定字符编码使用 UTF-8，设置方法如下。

```
<%@ page contentType="text/html;charset=UTF-8" %>
```

④ errorPage 属性：设置错误处理页面，当页面出错的时候可以跳转到 error.jsp 错误处理页面。

```
<%@ page errorPage="error.jsp" %>
```

2. include 指令标记

include 指令标记可以在当前的 JSP 页面中包含一个文件，从而和当前页面组成一个整体的文件。其中的包含仅是静态包含。include 指令标记的具体使用示例如下。

```
<!-test1.jsp -->
<%@ page language="java" import="java.util.*" contentType="text/html; charset=
UTF-8"  pageEncoding="UTF-8"%>
<!DOCTYPE html>
<html>
    <head>
            <title>测试包含其他 JSP</title>
    </head>
    <body>
            <font size="2">
                    测试包含其他 JSP。<br>
                    <%@ include file="NewFile.jsp"%>
            </font>
    </body>
</html>
```

在 test1.jsp 中包含 NewFile.jsp 文件，NewFile.jsp 文件的内容如下。

```
<!-- NewFile.jsp -->
<%@ page language="java" contentType="text/html; charset=UTF-8" pageEncoding=
"UTF-8"%>
<!DOCTYPE html>
<html>
    <head>
            <meta charset="UTF-8">
            <title>测试被包含</title>
    </head>
```

103

```
    <body>
        这是被包含的文件内容
    </body>
</html>
```

include 指令标记示例效果如图 4-33 所示。

图 4-33　include 指令标记示例效果

3. JSP 内置的对象

JSP 与 JavaScript 一样内置了已定义好的对象，供开发者直接使用。常用的 JSP 内置对象有 request、response、session、out、application 等。每个对象的具体作用分别介绍如下。

① request 对象代表用户发送的请求，从此对象可以获取用户提交的数据或者参数。

② response 对象代表服务器向客户端返回的数据，从此对象可以获取服务器返回的数据和信息。

③ session 对象维护着客户端用户和服务器的状态，从此对象可以获取和存放用户及服务器在交互的过程中产生的各种属性数据。

④ out 是一个非常有用的信息输出对象。它的功能与 system.out 一样，但它不是在终端中输出信息，而是在网页中输出信息。

⑤ application 对象保存着 Web 应用运行期间的全局数据和信息。

4. request 对象获取表单数据

request 对象获取用户数据的一种主要方式就是获取表单数据。下面是一个简单的表单页面，将这个页面中表单的数据取出，提交给这个页面自身并显示出来，示例代码如下。

```
<!-- test2.jsp -->
<%@ page language="java" import="java.util.*" contentType="text/html; charset=
UTF-8" pageEncoding="UTF-8"%>
<!DOCTYPE html>
<html>
    <head>
        <title>request 获取表单数据示例</title>
    </head>
    <body>
        <font size="2">
        下面是表单内容:
        <form action="test2.jsp" method="post">
        用户名: <input type="text" name="userName" size="10"/>
```

```
密码: <input type="password" name="password" size="10"/>
<input type="submit" value="提交">
</form>
下面是表单提交以后用 request 取到的表单数据: <br>
<%
out.println("表单输入 userName 的值: "+request.getParameter("userName")+"
<br>");
out.println("表单输入 password 的值: "+request.getParameter("password")+"
<br>");
%>
</font>
</body>
</html>
```

request 对象获取表单数据的效果如图 4-34 所示。

图 4-34　request 对象获取表单数据的效果

5. request 对象传递页面参数

request 对象也可用于页面参数的传递。在实际的开发过程中，经常遇到这样的情景：在页面跳转时需要传递相应的参数。由 test3.jsp 跳转到 NewFile3.jsp 并传递参数的示例代码如下。

```
<!-- test3.jsp -->
<%@ page language="java" import="java.util.*" contentType="text/html; charset=
UTF-8"
    pageEncoding="UTF-8"%>
<!DOCTYPE html>
<html>
    <head>
        <title>页面示例</title>
    </head>
    <body>
        <!-- 跳转到 NewFile3.jsp 页面，并传递字符串参数"Hello" -->
        <a href="NewFile3.jsp?param=Hello">单击这个链接跳转并传递参数<br>
    </body>
</html>
```

NewFile3.jsp 接收并显示传递过来的参数，其代码如下。

```
<!-- NewFile3.jsp -->
<%@ page language="java" contentType="text/html; charset=UTF-8
    pageEncoding="UTF-8"%>
<!DOCTYPE html>
<html>
    <head>
        <%
        //获取传递过来的参数
```

```
        String param = request.getParameter("param");
        %>
    </head>
    <body>
        传递过来的参数是：<%=param%>。
    </body>
</html>
```

跳转前后页面的效果分别如图 4-35 和图 4-36 所示。

图 4-35　跳转前页面的效果

图 4-36　跳转后页面的效果

6. response 对象

response 对象代表服务器向客户端返回的数据，可以用于页面的重定向。页面启动时跳转到百度网站的示例代码如下。

```
<!-- test4.jsp -->
<%@ page language="java" import="java.util.*" contentType="text/html; charset=
UTF-8" pageEncoding="UTF-8"%>
<!DOCTYPE html>
<html>
    <head>
        <title>response 对象页面重定向示例</title>
    </head>
    <body>
        <%
        response.sendRedirect("http://www.baidu.com");
        %>
    </body>
</html>
```

7. session 对象

session 对象中保存的内容是用户与服务器的整个交互过程中的信息。在用户与服务器交互的过程中，可以通过 session 对象的 setAttribute 方法保存各种属性值，并通过 getAttribute 方法获取指定的属性值。例如，在用户登录的过程中，可以在 session 对象中记录登录的用户名，这样用户不必在每个页面中都重新登录，只要用户没有关闭当前的浏览器，就可以一直保存登录的状态。例如，先由 login5.jsp 接收用户输入的用户名及密码，再转到 loginCheck5.jsp 进行验证，验证通过则使用 session 对象保存登录的用户名并打开 test5.jsp，最后由 test5.jsp 通过 session 对象获取用户名，其代码如下。

```
<!-- login5.jsp -->
<%@ page language="java" import="java.util.*" contentType="text/html;charset=
UTF-8"%>
<!DOCTYPE html>
<html>
    <head>
        <title>用户登录界面</title>
    </head>
```

```
        <body>
            <!-- 输入的用户名及密码提交到 loginCheck5.jsp -->
            <form action="loginCheck5.jsp" method="post">
            用户名: <input type="text" name="userName" size="10"/>
            密 码: <input type="password" name="passwd" size="10"/>
            <input type="submit" value="提交">
            </form>
        </body>
</html>
```

loginCheck5.jsp 接收 login5.jsp 传入的用户名及密码并进行验证，只要用户名和密码不为空，就认为验证通过。若验证通过，则设置 session 对象保存用户名，之后跳转到 test5.jsp；若验证不通过，则跳转回 login5.jsp。

```
<!-- loginCheck5.jsp -->
<%@ page language="java" import="java.util.*" contentType="text/html; charset=
UTF-8" pageEncoding="UTF-8"%>
<!DOCTYPE html>
<html>
    <head>
    <title>用户登录验证页面</title>
    </head>

    <body>
        <%
            String userName = request.getParameter("userName");
            String password = request.getParameter("passwd");
            if(userName.length()>0 && password.length()>0)
            {
                session.setAttribute("userName",userName);
                response.sendRedirect("test5.jsp");
            }else
                response.sendRedirect("login5.jsp");
        %>
    </body>
</html>
```

test5.jsp 作为系统主页面，通过 session 对象的属性获取登录的用户名，如果获取的用户名为空，则跳转回 login5.jsp 进行登录。

```
<!--test5.jsp -->
<%@ page language="java" import="java.util.*" contentType="text/html; charset=
UTF-8"
    pageEncoding="UTF-8"%>
<!DOCTYPE html>
<html>
    <head>
     <title>系统主页面</title>
    </head>

    <body>
        <font size="2">
        <%
            Object obj = session.getAttribute("userName");
            if(obj !=null)
```

```
                out.print(obj.toString() + "用户已经登录！");
            else
                response.sendRedirect("login5.jsp");
        %>
        </font>
    </body>
</html>
```

login5.jsp 页面和 test5.jsp 页面的效果分别如图 4-37 和图 4-38 所示。

图 4-37　login5.jsp 页面的效果　　　　　　图 4-38　test5.jsp 页面的效果

8. application 对象

application 对象和 session 对象类似，都可以通过属性保存和取出数据，但它和 session 对象还是有区别的。session 对象在浏览器关闭时会被销毁，而 application 对象只要服务器在运行，即使浏览器关闭也不会被销毁。例如，利用 application 对象保存当前页面的访问次数的示例代码如下。

```
<!-- test6.jsp -->
<%@ page language="java" import="java.util.*" contentType="text/html; charset=UTF-8"
    pageEncoding="UTF-8"%>
<!DOCTYPE html>
<html>
    <head>
        <title>application 对象访问计数示例</title>
    </head>
    <body>
        <font size="2">
        <%
            int count=0;
            Object obj = application.getAttribute("count");
            if(null != obj)        {
                count = Integer.parseInt(obj.toString());
            }
            count = count + 1;
            application.setAttribute("count",count);
            out.println("当前页面的第"+count+"次访问！");
        %>
        </font>
    </body>
</html>
```

注意，程序运行时不要关闭 Eclipse，否则会一并关闭 Tomcat 服务器，导致计数丢失。可在火狐浏览器中打开页面，关闭浏览器后再重新打开浏览器进行浏览。application 对象访问计数示例的效果如图 4-39 所示。

图 4-39　application 对象访问计数示例的效果

※4.3 SQL 数据库基础

数据库是数据的集合，具有统一的结构形式并存放一种或多种类型的数据。数据库相当于一个文件，文件中可存放多种数据，数据库中同一种类型的数据集合叫作数据表，一个数据库中可有多个数据表。例如，描述学生信息的类型：

V4-4　SQL 数据库基础 1　　V4-5　SQL 数据库基础 2

```
class Student {
    String id;
    String name;
    int    age;
    String tel;
    String address;
};
```

在学生信息表中存放的就是 Student 对象的数据。数据表像 Excel 的工作表一样由行和列组成，每一行表示一条记录，即一个 Student 对象的数据；每一列表示类属性成员，列在数据表中也被称为字段。学生信息表如表 4-1 所示。

表 4-1　学生信息表

id	name	age	tel	address
01	小明	20	13112345678	广东省深圳市
02	小刚	22	13811223344	广东省广州市

数据库的种类繁多，主要分为关系数据库和非关系数据库，目前关系数据库是主流。常用的关系数据库有 Access、FoxPro、SQL Server、MySQL、Oracle 和 SQLite 等。不同数据库的应用场景不尽相同，但它们都支持使用统一标准的结构查询语言（Structure Query Language，SQL）来操作数据库。

SQL 的功能大体上可分为以下 5 类。

① 数据库维护：数据库、数据表等的创建及删除。

② 增加记录：数据表记录的增加。

③ 修改记录：数据表记录的修改。

④ 删除记录：数据表记录的删除。

⑤ 查询记录：数据表记录的查找及统计等。

4.3.1　安装 MariaDB

MariaDB 基于开源的 MySQL 数据库，由社区开发者维护更新。通常，Linux 操作系统集成了 SQLite 和 MariaDB。MariaDB 的安装较为简单，直接使用命令从安装源中下载并安装即可。Ubuntu 中安装 MariaDB 的命令如下。

```
sudo apt install mariadb-server
```

EulerOS 中安装 MariaDB 的命令如下。

```
yum install mariadb-server
```

在操作 MariaDB 前需先启动其后台服务。查询 MariaDB 的后台服务状态的命令如下。

```
service mariadb status
```

若显示 running 状态，则表示已启动数据库的后台服务，如图 4-40 所示。

```
root@stu-VirtualBox:/# service mariadb status
 mariadb.service - MariaDB 10.1.48 database server
   Loaded: loaded (/lib/systemd/system/mariadb.service; enabled
   Active: active (running) since Tue 2022-02-22 14:04:41 CST;
     Docs: man:mysqld(8)
           https://mariadb.com/kb/en/library/systemd/
 Main PID: 7109 (mysqld)
   Status: "Taking your SQL requests now..."
    Tasks: 27 (limit: 4659)
   CGroup: /system.slice/mariadb.service
           └─7109 /usr/sbin/mysqld
```

图 4-40　查询 MariaDB 的后台服务状态

若不显示 running 状态，则需要使用以下命令启动后台服务。

```
sudo service mariadb start
```

后台服务启动后，通过执行“sudo mariadb”或“sudo mysql”命令进入数据库命令操作
页面，如图 4-41 所示。

```
root@stu-VirtualBox:/# sudo mariadb
Welcome to the MariaDB monitor.  Commands end with ; or \g.
Your MariaDB connection id is 41
Server version: 10.1.48-MariaDB-0ubuntu0.18.04.1 Ubuntu 18.04

Copyright (c) 2000, 2018, Oracle, MariaDB Corporation Ab and others.

Type 'help;' or '\h' for help. Type '\c' to clear the current input statement.

MariaDB [(none)]> █
```

图 4-41　数据库命令操作页面

可通过执行“exit”命令退出数据库命令操作页面。

4.3.2　SQL 语法基础

在数据库中执行的每条 SQL 语句必须以英文分号结尾，否则会报语法错误。常用的 SQL
语句如下。

```
use 数据库名;              //使用指定的数据库
show tables;               //显示使用的数据库中的数据表
describe 数据表名;          //查看指定的数据表的字段
charset UTF8;              //指定使用 UTF-8 字符编码，否则会出现乱码
create database mydb;      //创建数据库 mydb
drop database mydb;        //删除数据库 mydb
drop table Student;        //删除数据表 Student

create table student(id varchar(20), name char(20), age int, tel char(20),
address char(250)) Charset=UTF8;  //创建数据表，并指定使用 UTF-8 字符编码，以便支持中文

insert into student(id, name) values("01", "小明");//增加一条记录，并只指定两个
```

字段的值

```
insert into student values("02", "小刚", 22, "13811223344", "广东省深圳市");
//增加一条记录，按顺序指定每个字段的值

select * from student; //查看 student 数据表的记录，所有字段的值皆显示
select id, name from student; //查看 student 数据表的记录，只显示 id、name 两个字段的值
select *from student where id="01" and name="小明"; //查看指定 id 和 name 的记录

update student set age=20, tel="13112345678", address="广东深圳市" where id="01"
//修改 id="01"的记录。注意，如果不带指定条件，则所有记录都会被修改

delete from student where id="03";
//删除 id="03"的记录。注意，如果不带指定条件，则数据库中的所有记录都将被删除

select count(*) from student; //统计数据表中记录的系数
select sum(age) from student; //统计数据表中学生年龄的总和
select avg(age) from student; //计算数据表中学生的平均年龄
```

MariaDB 的访问皆由访问权限控制，所以在外部程序或远程访问数据库前需分配权限。与权限相关的 SQL 语句如下。

```
grant select,insert,update,delete on mydb.* to who@"localhost" identified by
"123456"; /*增加用户 who，密码为 123456，该用户可在本机上登录并使用数据库 mydb 中的所有数据
表，允许其查询、增加、修改、删除记录*/
grant select,insert,update,delete on mydb.* to who@"%" identified by "123456";
/*增加用户 who，密码为 123456,该用户可以对 mydb 数据库中的所有数据表进行操作，可在任何主机上
远程登录使用 mydb 数据库*/
```

指定用户名、密码及服务器 IP 地址以登录数据库的 SQL 语句如下。

```
mariadb -D mydb -u who -p -h 数据库服务器 IP 地址
```

4.4 项目实施

综合前文所介绍的知识，开发学生成绩管理系统，采用 MariaDB 来存储学生成绩信息。MariaDB 提供 Web 页面操作接口，可通过网络远程完成对学生成绩信息的新增、修改和删除等操作。

4.4.1 项目开发前期工作

在项目开发中，系统分析工作十分重要，甚至对项目的成败起到决定性的作用。

步骤 1　系统分析

系统总体功能模块包括五大模块，如图 4-42 所示。

各个模块的介绍如下。

（1）数据库登录模块

根据用户输入的用户名及密码登录 MariaDB，成功登录后通过 session 对象保存用户名及

V4-6　项目开发
前期工作

密码。其他模块通过 session 对象获取用户名及密码以访问数据库。

（2）学生成绩信息一览表模块

显示数据库中全部的学生成绩信息，并提供新增、修改和删除学生成绩信息的操作接口。

（3）学生成绩信息新增模块

根据用户输入的学生成绩信息，生成相应的 insert 语句，增加记录到数据库中。

（4）学生成绩信息修改模块

根据用户选择的要修改的学生成绩信息，生成相应的 update 语句，更新数据库中的记录。

（5）学生成绩信息删除模块

根据用户选择的要删除的学生成绩信息，生成相应的 delete 语句，删除数据库中的记录。

程序流程图如图 4-43 所示。

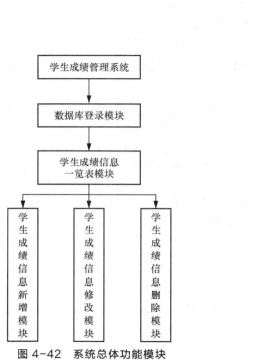

图 4-42　系统总体功能模块

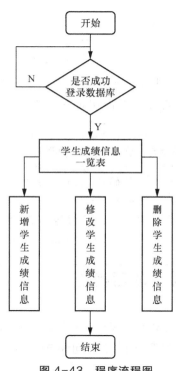

图 4-43　程序流程图

步骤 2　创建数据库

通过执行"sudo mariadb"命令进入数据库命令操作页面后，完成下列操作。

（1）数据库的创建

```
create database mydb;      //创建数据库 mydb
use  mydb;                 //指定当前使用的数据库为 mydb
```

（2）数据表的创建

```
create table student(id varchar(20), name char(20), age int, tel char(20),
address char(250), math float, english float, science float ) CHARSET=UTF8;
    //创建数据表，并指定使用 UTF-8 字符编码，以便支持中文
```

（3）增加测试记录

```
insert into student values("02", "小刚", 22, "17××3", "广东省深圳市", 88.5, 76.5,
92);//增加一条记录，按顺序指定每个字段的值
```

（4）数据库访问的权限分配

```
grant select,insert,update,delete on mydb.* to who@"localhost" identified by
"123456"; //允许用户 who 凭密码 123456 在本机上访问数据库中的所有数据表
grant select,insert,update,delete on mydb.* to who@"%" identified by "123456";
//允许用户 who 凭密码 123456 通过网络访问数据库中的所有数据表
```

（5）使 Tomcat 服务器支持访问 MariaDB

从 MySQL 官网上下载支持包 mysql-connector-java-8.0.23.tar.gz。下载后把解压支持包得到的 mysql-connector-java-8.0.23.jar 复制到 Tomcat 服务器扩展库所在的目录/usr/local/apache-tomcat-9.0.58/lib/下。

※4.4.2 项目代码

按系统总体功能模块的划分，项目代码将由 5 个独立的模块组成。以下是每个模块的功能及实现。

步骤 1 数据库登录模块

login.jsp 主要用于提供输入用户名及密码的登录页面，单击"登录"按钮后把用户名及密码传递到 logincheck.jsp 进行检测，判断能否成功登录数据库。登录页面的效果如图 4-44 所示。

V4-7 项目代码1　　V4-8 项目代码2

图 4-44　登录页面的效果

login.jsp 代码如下。

```
<%@ page language="java" contentType="text/html; charset=UTF-8"
    pageEncoding="UTF-8"%>
<!DOCTYPE html>
<html>
    <head>
            <title>登录验证</title>
            <script type="text/javascript">
                            function validate() { //单击"登录"按钮时调用的方法
                            //获取用户输入的用户名及密码
                            var userName=document.forms[0].userName.value;
                            var password=document.forms[0].password.value;
                            if (userName.length <= 0) {
                                    alert("用户名不能为空");
```

```
                                            return false;
                                        }
                                        if (password.length <= 0) {
                                            alert("密码不能为空");
                                            return false;
                                        }
                                        document.forms[0].submit(); //提交表单
                                    }

                        </script>
        </head>
        <body>

                        <form action="logincheck.jsp" method="post"> <-- test -->
                        用户名: <input type="text" name="userName">
                        密码: <input type="password" name="password">
                        <input type="button" value="登录" onClick="validate()"/>
                        <input type="reset" value="取消" />
                        </form>
        </body>
</html>
```

logincheck.jsp 根据接收到的 login.jsp 提交的用户名及密码，尝试登录 MariaDB，登录成功则由 session 对象保存此用户名及密码，登录失败则重新回到 login.jsp 页面。

logincheck.jsp 代码如下。

```
<%@ page language="java" contentType="text/html; charset=UTF-8"
        pageEncoding="UTF-8"%>
<%@page import="java.util.*" %>
<%@page import="java.sql.*" %>
<%@page import="java.io.PrintWriter" %>
<!DOCTYPE html>
<html>
 <head>
        <meta charset="UTF-8">
        <title>Insert title here</title>
 </head>
 <body>
            <%
                //指定字符编码为 UTF-8，避免出现乱码
                request.setCharacterEncoding("UTF-8");
                //获取 login.jsp 提交的用户名
                String userName = request.getParameter("userName");
                //获取 login.jsp 提交的密码
                String password = request.getParameter("password");
                Connection con = null;
                Statement st = null;
                try{
                    Class.forName("com.mysql.cj.jdbc.Driver");  //加载驱动
                    /*连接数据库: jdbc:mysql://ip/3306/数据库名,数据库登录用户,密码。
若连接失败，则表示发生异常*/
                    con=DriverManager.getConnection("jdbc:mysql://localhost:
3306/mydb",userName,password);
                    st = con.createStatement(); //创建 Statement 对象
```

```
                session.setAttribute("userName", userName);
                 //session 对象保存用户名
                session.setAttribute("password", password);
                 //session 对象保存密码
                response.sendRedirect("main.jsp");
                 //若登录成功，则打开学生成绩信息一览表页面
           }catch(Exception e){  //登录数据库失败，表示发生异常
                out.println(e);
                response.sendRedirect("login.jsp");
                 //重新回到 login.jsp 页面

           }
           if (null != st)
                st.close();
           if (null != con)
                con.close();
       %>
 </body>
 </html>
```

步骤 2　学生成绩信息一览表模块

登录成功后，main.jsp 将显示已录入的所有学生的成绩信息，并提供新增、修改和删除学生成绩信息的操作接口。学生成绩信息一览表的效果如图 4-45 所示。

图 4-45　学生成绩信息一览表的效果

main.jsp 代码如下。

```
<%@ page language="java" contentType="text/html; charset=UTF-8"
    pageEncoding="UTF-8"%>
<%@page import="java.util.*" %>
<%@page import="java.sql.*" %>
<%@page import="java.io.PrintWriter" %>
<!DOCTYPE html>
<html>
 <head>
      <title>学生成绩信息一览表</title>
 </head>
 <body>
      <%
          String uri = "jdbc:mysql://localhost:3306/mydb";
          String user=session.getAttribute("userName").toString();
            //从 session 对象中获取保存的用户名
          String password=session.getAttribute("password").toString();
```

```
            //从 session 对象中获取保存的密码
        Connection    conn=DriverManager.getConnection(uri,user,password);
//连接数据库

        Statement sql=conn.createStatement(); /*创建 Statement 对象, 用于执行 SQL 语句*/
        ResultSet rs=sql.executeQuery("SELECT * FROM student");
          //从 student 数据表中获取所有记录
%>
        <h2 align="center">学生成绩信息一览表</h2><hr/>
        <table border="1" width="800">
        <tr>
        <tr bgcolor="#dddddd">
        <td align="center">学号</td>
        <td align="center">姓名</td>
        <td align="center">年龄</td>
        <td align="center">联系电话</td>
        <td align="center">家庭地址</td>
        <td align="center">数学成绩</td>
        <td align="center">英语成绩</td>
        <td align="center">科学成绩</td>
        <td align="center"> </td>
        <td align="center"> </td>
        </tr>
<%
String id, name,tel,address;
int age;
float math, english, science;

while(rs.next()){ /*遍历每条记录, 生成 HTML 语句以显示每个学生的成绩信息*/
        id=rs.getString(1);          //学号
        name=rs.getString(2);        //姓名
        age=rs.getInt(3);            //年龄
        tel = rs.getString(4);       //联系电话
        address=rs.getString(5);     //家庭地址
        math=rs.getFloat(6);         //数学成绩
        english=rs.getFloat(7);      //英语成绩
        science=rs.getFloat(8);      //科学成绩
%>
<tr>
        <td><%=id%></td>
        <td><%=name%></td>
        <td><%=age%></td>
        <td><%=tel%></td>
        <td><%=address%></td>
        <td><%=math%></td>
        <td><%=english%></td>
        <td><%=science%></td>
        <td><a href="modify.jsp?id=<%=id%>">修改</a></td>
        <td><a href="delete.jsp?id=<%=id%>">删除</a></td>
</tr>
```

116

```
    <%} %>
    </table><br/>
    <%
        rs.close();
        sql.close();
        conn.close();
    %>
    <a href="new.jsp">新增</a>
    </body>
</html>
```

步骤 3　学生成绩信息新增模块

new.jsp 提供用于用户输入新增学生成绩信息的页面，并把用户输入的数据提交到 newcheck.jsp，由 newcheck.jsp 存入数据库。new.jsp 的效果如图 4-46 所示。

图 4-46　new.jsp 的效果

new.jsp 代码如下。

```
<%@ page language="java" contentType="text/html; charset=UTF-8"
    pageEncoding="UTF-8"%>
<!DOCTYPE html>
<html>
    <head>
            <meta charset="UTF-8">
            <title>增加学生成绩信息</title>
    </head>
    <body>
            <form action="newcheck.jsp" method="post">
                    <table>
                            <tr>
                                <td width="40%">学号: </td>
                                <td><input type="text" name="id" /></td>
                            </tr>
                            <tr>
                                <td>姓名: </td>
                                <td><input type="text" name="name" /></td>
                            </tr>
                            <tr>
                                <td>年龄: </td>
                                <td><input type="text" name="age" /></td>
                            </tr>
                            <tr>
                                <td>联系电话: </td>
                                <td><input type="text" name="tel" /></td>
```

```
                                        </tr>
                                        <tr>
                                          <td>家庭地址: </td>
                                          <td><input type="text" name="address" /></td>
                                        </tr>
                                        <tr>
                                          <td>数学成绩: </td>
                                          <td><input type="text" name="math" /></td>
                                        </tr>
                                        <tr>
                                          <td>英语成绩: </td>
                                          <td><input type="text" name="english" /></td>
                                        </tr>
                                        <tr>
                                          <td>科学成绩: </td>
                                          <td><input type="text" name="science" /></td>
                                        </tr>
                                        <tr>
                                          <td colspan="2" align="center"><input type=
"submit" value="增加"></td>
                                        </tr>
                                    </table>
                        </form>
            </body>
</html>
```

newcheck.jsp 将接收 new.jsp 提交的数据，并通过执行 insert 语句将其添加到数据库中。
newcheck.jsp 代码如下。

```
<%@ page language="java" contentType="text/html; charset=UTF-8"
    pageEncoding="UTF-8"%>
<%@page import="java.util.*" %>
<%@page import="java.sql.*" %>
<%@page import="java.io.PrintWriter" %>
<!DOCTYPE html>
<html>
    <head>
            <meta charset="UTF-8">
            <title>newCheck</title>
    </head>
    <body>
    <%

            request.setCharacterEncoding("UTF-8"); //指定字符编码
            //获取 new.jsp 提交的内容
            String id=request.getParameter("id");
            String name=request.getParameter("name");
            String age=request.getParameter("age");
            String tel=request.getParameter("tel");
            String address=request.getParameter("address");
            String math=request.getParameter("math");
            String english=request.getParameter("english");
            String science=request.getParameter("science");

        try{
            String uri = "jdbc:mysql://localhost:3306/mydb";
```

```
                String user=session.getAttribute("userName").toString();
                    //从 session 对象中取出保存的用户名
                String password=session.getAttribute("password").toString();
                    //从 session 对象中取出保存的密码
                Connection conn=DriverManager.getConnection(uri,user,password);
                    //连接数据库
                Statement sql=conn.createStatement();
                String str="INSERT INTO student VALUES('"+id+"','"+name+"',
"+age+", '"+tel+ "','"+address+"'," + math + ","+english+","+science + ");";
                Statement stmt=conn.createStatement();
                stmt.executeUpdate(str); //执行新增记录的 SQL 语句

                conn.close(); //关闭数据库连接
            }
        catch(Exception e){
                out.println(e);
            }
        response.sendRedirect("main.jsp"); //重回学生成绩信息一览表页面
    %>
    </body>
</html>
```

步骤 4　学生成绩信息修改模块

modify.jsp 提供用于用户修改学生成绩信息的页面，并把修改后的数据提交到 modifycheck. jsp，由 modifycheck.jsp 负责更新数据库中的记录。modify.jsp 的效果如图 4-47 所示。

图 4-47　modify.jsp 的效果

modify.jsp 代码如下。

```
<%@ page language="java" contentType="text/html; charset=UTF-8"
    pageEncoding="UTF-8"%>
<%@page import="java.util.*" %>
<%@page import="java.sql.*" %>
<%@page import="java.io.PrintWriter" %>
<!DOCTYPE html>
<html>
    <head>
            <meta charset="UTF-8">
            <title>修改学生成绩信息</title>
    </head>
    <body>
    <%
```

```
String uri = "jdbc:mysql://localhost:3306/mydb";
String user=session.getAttribute("userName").toString();
    //从 session 对象中取出保存的用户名
String password=session.getAttribute("password").toString();
    //从 session 对象中取出保存的密码
Connection conn=DriverManager.getConnection(uri,user,password);
    //连接数据库
String id=request.getParameter("id");
    //从 main.jsp 提交的数据中取出要修改成绩信息的学生的学号
Statement sql=conn.createStatement();
    ResultSet rs=sql.executeQuery("SELECT * FROM student WHERE
id='"+ id+"'");
    //获取要修改的学生成绩信息数据
    rs.next();
%>

<form  action="modifycheck.jsp" method="post">
                <table width="400" >
                    <tr>
                       <td width="30%">学号: </td>
                       <td><input type="text" value=<%=rs.getString
(1) %> readonly name="id"></td>
                    </tr>

                    <tr>
                       <td width="30%">姓名: </td>
                       <td><input type="text" value=<%=rs.getString
(2) %> name="name"></td>
                    </tr>
                    <tr>
                       <td width="30%">年龄: </td>
                       <td><input type="text"   value=<%=rs.getInt
(3) %> name="age"></td>
                    </tr>
                    <tr>
                       <td width="30%">联系电话: </td>
                       <td><input type="text" value=<%=rs.getString
(4) %> name="tel"></td>
                    </tr>
                    <tr>
                       <td width="30%">家庭地址: </td>
                       <td><input type="text" value=<%=rs.getString
(5) %> name="address"></td>
                    </tr>
                    <tr>
                       <td width="30%">数学成绩: </td>
                       <td><input type="text" value=<%=rs.getString
(6) %> name="math"></td>
                    </tr>
                     <tr>
                       <td width="30%">英语成绩: </td>
                       <td><input type="text" value=<%=rs.getString
(7) %> name="english"></td>
                    </tr>
                    <tr>
```

```
                                        <td width="30%">科学成绩: </td>
                                        <td><input type="text" value=<%=rs.getString
(8) %> name="science"></td>
                                    </tr>
                                    <tr>
                                        <td colspan="2" align="center"><input type=
"submit" value="修改"></td>
                                    </tr>
                                </table>
                </form>
        <%
                rs.close();
                sql.close();
                conn.close();
        %>
        </body>
</html>
```

modifycheck.jsp 将接收到 modify.jsp 提交的数据，并通过执行 update 语句更新数据库中的记录。modifycheck.jsp 代码如下。

```
<%@ page language="java" contentType="text/html; charset=UTF-8"
        pageEncoding="UTF-8"%>
<%@page import="java.util.*" %>
<%@page import="java.sql.*" %>
<!DOCTYPE html>
<html>
        <head>
                <meta charset="UTF-8">
                <title>modify check</title>
        </head>
        <body>
        <%
                request.setCharacterEncoding("UTF-8"); //指定字符编码
                //获取 modify.jsp 提交的内容
                String id=request.getParameter("id");
                String name=request.getParameter("name");
                String age=request.getParameter("age");
                String tel=request.getParameter("tel");
                String address=request.getParameter("address");
                String math=request.getParameter("math");
                String english=request.getParameter("english");
                String science=request.getParameter("science");

                String uri = "jdbc:mysql://localhost:3306/mydb";
                String user=session.getAttribute("userName").toString();
                String password=session.getAttribute("password").toString();
                Connection conn=DriverManager.getConnection(uri,user,password);
                    //连接数据库
                Statement sql=conn.createStatement();
                String str="UPDATE student SET name='"+name+"',age="+age+",tel='"+
tel+"', address='"+address+"'" + ",math=" + math + ",english=" + english + ",science=" +
science + "where id='"+id+"'";
                int rs=sql.executeUpdate(str); //执行修改学生成绩信息记录的 SQL 语句

                sql.close();
                conn.close();
```

```
                response.sendRedirect("main.jsp"); //重回学生成绩信息一览表页面
        %>
        </body>
</html>
```

步骤5　学生成绩信息删除模块

delete.jsp 负责删除用户指定的学生成绩信息，代码如下。

```
<%@ page language="java" contentType="text/html; charset=UTF-8"
    pageEncoding="UTF-8"%>
<%@page import="java.util.*" %>
<%@page import="java.sql.*" %>
<%@page import="java.io.PrintWriter" %>
<!DOCTYPE html>
<html>
    <head>
            <meta charset="UTF-8">
            <title>delete</title>
    </head>
    <body>
    <%
            String uri = "jdbc:mysql://localhost:3306/mydb";
            String user=session.getAttribute("userName").toString();
                //从 session 对象中取出保存的用户名
            String password=session.getAttribute("password").toString();
                //从 session 对象中取出保存的密码
            Connection conn=DriverManager.getConnection(uri,user,password);
                //连接数据库
            Statement sql=conn.createStatement();
            String id = request.getParameter("id");
            String str="DELETE FROM student where id='"+id+"'";
            sql.executeUpdate(str); //执行删除指定的学生成绩信息的 SQL 语句

            sql.close();
            conn.close();
            response.sendRedirect("main.jsp"); //重回学生成绩信息一览表页面
    %>
    </body>
</html>
```

【知识总结】

1．学习 Java 语言前需要先了解类、对象、属性成员、方法成员等概念。

2．学习 Java 语言时需要重点掌握构造方法、方法重载、继承、多态、抽象类以及接口等知识。

3．Web 服务器 Tomcat 在用户进行访问时，会将 JavaScript、JSP 等的源程序生成 HTML 程序。

4．在各种动态网页开发技术中，无论哪种技术都无法脱离 HTML 的支持，所以在学习 Java Web 开发前必须先掌握 HTML 基础。

5. HTML 常用的标签有<html>、<head>、<body>、<table>、<href>、<img>、<form>、<input>、<select>等。

6. JavaScript 代码基本上是直接嵌入在 HTML 代码中的函数代码，当一个 JavaScript 函数响应的事件发生时，浏览器会执行对应的 JavaScript 代码，从而在浏览器中实现与用户的交互。很多常见的交互是通过 JavaScript 按钮事件产生的。

7. JavaScript 内置了 6 个对象，分别是 window、navigator、screen、document、history、location。

8. 在 Web 应用中，JavaScript 程序通常运行在前台，负责与用户进行交互，而负责调用后台数据库中数据的工作由 JSP 程序来完成。

9. JavaScript 使用<script></script>标签，而 JSP 使用<%></%>标签。

10. JSP 与 JavaScript 一样内置了已定义好的对象。常用的 JSP 内置对象有 request、response、session、out、application 等。

11. MariaDB 基于开源的 MySQL 数据库，由社区开发者维护更新。

12. SQL 是数据库的通用语言，其功能基本上可分为数据库维护、增加记录、删除记录、修改记录、查询记录 5 类。

【知识巩固】

一、选择题

1. 在类中描述事物静态特征的成员是（　　　　）。

A. 对象　　　　　　B. 属性成员　　　　　　C. 方法成员　　　　　　D. 以上都不是

2. （　　　　）是指在一个类中可有多个方法同名，且同名方法的参数的类型或个数不同。

A. 继承　　　　　　B. 方法重写　　　　　　C. 方法重载　　　　　　D. 以上都不是

3. 在 HTML 的布局标签中，可以把一组信息用表格的形式表示出来的是（　　　　）标签。

A. <table>　　　　B. <body>　　　　　　C. <form>　　　　　　D. 以上都是

4. 在 JSP 内置的对象中，（　　　　）对象可以用于获取用户提交的数据或者参数。

A. response　　　　B. request　　　　　　C. session　　　　　　D. out

5. 以下 SQL 语句中，（　　　　）用于修改数据表中的记录。

A. select 语句　　　B. insert 语句　　　　C. delete 语句　　　　D. update 语句

二、填空题

1. JavaScript 中已经定义好的 6 个内置对象分别是_____、_____、_____、_____、_____和_____。

2. JSP 内置的 5 个对象分别是_____、_____、_____、_____和_____。

3. 对数据库记录进行增加、删除、查询、修改的 SQL 语句中的关键词分别是_____、_____、_____和_____。

4. JavaScript 程序通常运行于_____，而 JSP 程序通常运行于_____。

三、简答题

1. 请简述 Java 语言中继承的作用。

2. 请简述 Java 语言中多态的作用。

3. 请简述 Web 开发中 HTML、JavaScript 及 JSP 的具体作用。

【拓展任务】

当前系统的数据库中只有一个数据表，且科目数量已固定。可以尝试将其分成两个数据表，一个数据表专门用于描述学生信息，如学号、姓名等不涉及成绩的字段；另一个数据表中只有学号、科目名、成绩等字段。当查询时，可以将这两个数据表按相同的学号组合起来并显示数据。

第5章
Linux云服务器开发基础及项目实战

05

【知识目标】

1. 学习 Linux 云服务器的开发基础。
2. 了解虚拟化技术的特点。
3. 了解云操作系统的架构。
4. 了解 Web 服务器的搭建方法。

【技能目标】

1. 掌握云服务器的创建方法。
2. 掌握华为云服务器的维护技术。
3. 掌握云服务器中 FTP 服务器及 Web 服务器的搭建方法。

【素养目标】

1. 培养良好的思想政治素质和职业道德。
2. 培养爱岗敬业、吃苦耐劳的品质。
3. 培养热爱学习、学以致用的作风。

【项目概述】

在物联网工程中，往往需要设立服务器以汇聚及管理各种物联网设备终端，让用户能随时随地通过网络访问和维护整个物联网系统。服务器是物联网系统的数据及控制中心，是决定项目成败的关键部分，综合多种因素，通常采用云服务器代替传统独立的服务器。这是因为云服务器具有更好的可靠性及安全性：云服务器是基于多个独立服务器集群而产生的，不会因一个服务器的故障而崩溃；云服务器具有更好的防网络攻击和网络欺骗的功能，能更好地保障数据的安全。基于此，本章将介绍云服务器的创建方法，并在华为云上设置 FTP 服务器及 Web 服务器。

【思维导图】

```
                                云计算技术基础          虚拟化技术
                                                      云操作系统

                                                      Linux云服务器的购买及设置
    Linux 云服务器开发           华为ECS Linux         云服务器编程环境配置
    基础及项目实战               开发实战              云硬盘挂载及格式化
                                                      Linux云备份

                                EulerOS中Web服务器的搭建
                                云服务器中Web服务器的搭建
```

【知识准备】

1965 年，由 Intel 公司合伙创始人戈登·摩尔发表的预测：半导体芯片中使用的元件数量，每过 18 个月就会翻一番。过去的 50 多年证明了这一预测的正确性。

回溯到 2000 年，每个服务器中运行一套 Windows 2000 Server 操作系统的情况很普遍，且此服务器中会有一个或多个应用及服务。因此，一个公司也许最终需要多个服务器，以提供全套 IT 服务，如目录服务、动态主机配置协议（Dynamic Host Configuration Protocol，DHCP）、域名系统（Domain Name System，DNS）服务、文件服务、邮件服务等。然而，随着技术的发展，处理器的能力迅速提升，软件行业并未以相同的速度发展以充分发挥处理器的功能，这就导致大量浪费处理器资源的现象出现，虚拟化技术也就应运而生了。

然而，虚拟化技术很快就暴露出"多对一"（多台虚拟机对一个硬件）的设计缺陷，无法自主灵活地使用其他空闲硬件，多台虚拟机共享一个硬件，容易导致硬件出现单点故障，只能经过烦琐的人工步骤才能将虚拟机从一个硬件转移到另一个硬件中。于是，科学家自然而然地开始转向"多对多"。简单来说，"多对多"就是多台虚拟机共享多个硬件资源，并且能够有计划地、无人值守地进行管理，这就是后来的云计算架构。图 5-1 所示为云桌面教学环境架构。

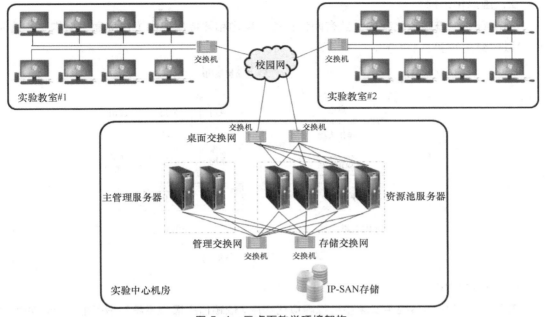

图 5-1　云桌面教学环境架构

5.1　云计算技术基础

什么是云计算？有这样一个非常精辟的解释：Cloud computing is a style of computing in which dynamically scalable and often virtualized resources are provided as a service over the Internet。其大致意思如下：云计算是一种通过网络，以服务的方式，提供动态可伸缩的虚拟化资源的计算模式。这里提到了虚拟化资源，简单地说，云计算就是整合、调度虚拟化资源的计算模式。

5.1.1　虚拟化技术

虚拟化是云计算底层的根本架构，云计算离不开虚拟化！

1．虚拟化的概念

虚拟化是一个广义的术语，是指计算元件在虚拟的基础上而不是真实的基础上运行，是一套简化管理、优化资源的解决方案。如同空旷、通透的写字楼，整个楼层没有固定的墙壁，用户可以用同样的成本构建出适用的办公空间，进而节省成本，达到空间的最大利用率。这种对有限的、固定的资源根据不同需求进行重新规划以达到最大利用率的技术，在 IT 领域中被叫作虚拟化技术。

虚拟化技术可以扩大硬件的容量，简化软件的重新配置过程。CPU 的虚拟化技术可以实现单 CPU 模拟多 CPU 并行，允许一个平台同时运行多个操作系统，且应用程序可以在相互独立的空间内运行而互不影响，从而显著提高计算机的工作效率。

随着技术的发展，虚拟化技术大致可以分为计算虚拟化、网络虚拟化和存储虚拟化。

2．虚拟化架构

当前行业主流虚拟化架构大致有两种：寄居架构和裸金属架构（也称原生架构）。这两种虚拟化架构如图 5-2 所示。

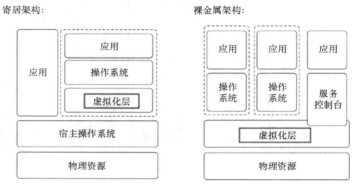

图 5-2　虚拟化架构

（1）寄居架构

寄居架构在操作系统中安装和运行虚拟化程序，依赖宿主操作系统对设备的支持和对物理资源的管理。采用寄居架构的优点是架构简单，更易于实现，但应用程序的安装及运行依赖于宿主操作系统对物理资源的支持。基于此架构的产品有 VMware Workstation Pro、VirtualBox 和 VMware GXS Server 等。

（2）裸金属架构

裸金属架构直接在硬件上安装虚拟化软件，再在其上安装操作系统和应用，依赖虚拟化层内核和服务器控制台进行管理。与寄居架构比较，裸金属架构更加灵活，它不会受限于宿主操作系统的资源，但其架构技术复杂，虚拟化层内核开发工作难度较大。基于此架构的产品有 VMware ESXi 等。

3．行业主流虚拟化厂商

虚拟化应用变得越来越热门，下面简单介绍当前行业主流虚拟化厂商。

（1）VMware

VMware（其标志见图 5-3）是一个以虚拟化软件产品闻名的软件公司，世界百强企业都使用 VMware 公司的产品，而世界 500 强企业中有 98%都使用 VMware 公司的产品，可见其影响力。其代表产品有个人虚拟化工具 VMware WorkStation Pro 和 VMware vSphere 等。

（2）Citrix

在桌面虚拟架构的领域中，最有名的企业中就有 Citrix（思杰，其标志见图 5-4）。Citrix 公司创建于 1989 年，是应用交付基础架构解决方案提供商。其代表产品系列是 Xen。

图 5-3　VMware 标志

图 5-4　Citrix 标志

（3）Microsoft

Hyper-V 是 Microsoft（微软，其标志见图 5-5）公司的一款虚拟化产品，是 Microsoft 公司第一个采用类似 VMware 和 Xen 等产品的基于 Hypervisor 的产品。

图 5-5　Microsoft 标志

Hyper-V 也是 Microsoft 公司提出的一种能够实现桌面虚拟化的系统管理技术。Hyper-V 在 2008 年第一季度与 Windows Server 2008 同时发布。Hyper-V Server 2012 是 Hyper-V 的 RTM（Release To Manufacture，意思是发布到生产商，指的是软件的最终版）发布版本。

（4）华为

华为技术有限公司自主研发的 FusionCompute（其标志见图 5-6）虚拟化软件几乎集成了众多主流虚拟化产品的优点，并提供了自主开发的桌面虚拟协议——华为桌面协议（Huawei Desktop Protocol，HDP），在云计算领域，特别是云桌面技术 FusionAccess，在国内同行中得到了广泛认可和使用。华为公司也有自己

图 5-6　FusionCompute 标志

的技术认证体系，如华为认证网络工程师（Huawei Certified Network Associate，HCNA）、华为认证网络资深工程师（Huawei Certified Network Professional，HCNP）、华为认证 ICT 专家（Huawei Certified ICT Expert，HCIE），在行业内也有一定的权威性。

4．虚拟化产品 FusionCompute

（1）开源的系统虚拟化模块：KVM

基于内核的虚拟机（Kernel-based Virtual Machine，KVM）是一个开源的系统虚拟化模块，自 Linux 2.6.20 之后集成在 Linux 操作系统的各个主要发行版本中。它使用 Linux 操作系统自身的调度器进行管理，所以相对于 Xen，其核心源码很少。KVM 已成为学术界的主流虚拟机监视器（Virtual Machine Monitor，VMM）之一。KVM 标志如图 5-7 所示。

图 5-7　KVM 标志

（2）虚拟化引擎：FusionCompute

FusionComptue（以下简称 FC）是华为技术有限公司拥有自主知识产权的、在 KVM 基础上开发的一款虚拟化引擎（FC 6.2 后以 KVM 为底层），也是云操作系统的基础软件，主要由虚拟化基础平台和云服务基础平台组成，负责硬件资源的虚拟化，以及对虚拟资源、业务资源、用户资源的集中管理。它采用虚拟计算、虚拟存储、虚拟网络等技术，完成计算资源、存储资源、网络资源的虚拟化；同时，通过统一的接口，对虚拟资源进行集中调度和管理，从而降低业务的运行成本，保证系统的安全性和可靠性，协助运营商和企业客户构建安全、绿色、节能的云数据中心。

FC 主要由两大部分构成——计算节点代理（Computing Node Agent，CNA）和虚拟化资源管理（Virtual Resource Management，VRM），其架构如图 5-8 所示。

CNA 负责为虚拟机提供计算资源（如虚拟 CPU、虚拟内存等），VRM 用于统计及管理这些虚拟机（如安装系统、迁移、资源调整等生命周期管理）。

一个 VRM 可以管理多个 CNA，一般情况下，推荐将 VRM 部署在一台虚拟机上。

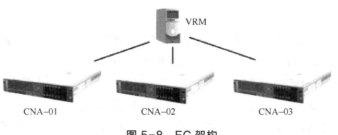

图 5-8　FC 架构

5.1.2　云操作系统

前文提到，对虚拟化软、硬件资源的整合管理和调度需要一个云操作系统，图 5-9 所示为华为云操作系统应用场景。

云操作系统又称云计算操作系统、云计算中心操作系统，是以云计算、云存储技术作为支撑的操作系统，是云计算后台数据中心的整体管理运营系统（也有人认为云操作系统包括云终端操作系统，如现在流行的各类手机操作系统，它是指构架于服务器、存储、网络等基础硬件资源和单机操作系统、中间件、数据库等基础之上的、管理海量的基础硬件及软件资源的云平台综合管理系统）。

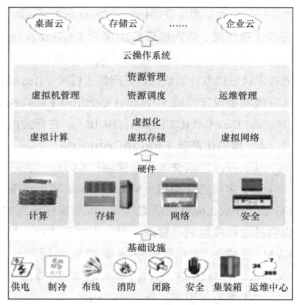

图 5-9　华为云操作系统应用场景

1．云操作系统架构

云操作系统是实现云计算的关键一步，从前端看，云计算用户能够通过网络按需获取资源，并按使用量付费，如同打开电灯用电、打开水龙头用水，接入即用；从后台看，云计算能够实现对各类异构软、硬件基础资源的兼容，更能实现资源的动态流转，如同西电东送、西气东输等。云操作系统对静态、固定的硬件资源进行调度，形成资源池。云计算的两大基本功能就是云操作系统实现的，但是云操作系统的重要作用远不止于此。云操作系统架构如图 5-10 所示。

云操作系统能够根据应用软件（如搜索网站的后台服务软件）的需求，调度多台计算机的运算资源进行分布计算，再将计算结果汇聚整合后返回给应用软件。相对于使用单台计算机，使用分布计算能够节省大量的计算时间。

云操作系统还能够根据数据的特征，将不同特征的数据分别存储在不同的存储设备中，并对它们进行统一管理。当云操作系统根据应用软件的需求，调度多台计算机的运算资源进行分布计算时，每台计算机都可以根据计算需要，从不同的存储设备中快速地获取自己所需的数据。

应用层	云主机	云应用	API	混合云	云备份	云审计

云操作系统			备份

虚拟化	计算虚拟化	存储虚拟化	网络虚拟化	容灾

硬件基础设施	服务器	存储	网络	安全

图 5-10　云操作系统架构

云操作系统与普通计算机中运行的操作系统相比，就好像高效协作的团队与个人一样。个人在接受用户的任务后，只能逐步完成任务涉及的众多事项。而高效协作的团队由管理员接收用户提出的任务，并将任务拆分为多个小任务，再把每个小任务分派给团队的不同成员；所有参与此任务的团队成员，在完成分派给自己的小任务后，将处理结果反馈给管理员，由管理员进行汇聚整合后交付给用户。

2. OpenStack

（1）什么是 OpenStack

OpenStack 既是一个社区，又是一种目前流行的开源云操作系统，是由美国国家航空航天局和 Rackspace 公司合作开发的，旨在为公有云和私有云提供软件的开源项目。它提供了一个部署云的操作平台工具集，其宗旨是帮助企业组织和运行用于虚拟计算或存储服务的云，为公有云、私有云或其他云提供可扩展的、灵活的云计算。OpenStack 登录页面如图 5-11 所示。

（2）OpenStack 的设计与开发理念

OpenStack 以追求开放、灵活、可扩展为核心理念，并尽最大可能重用已有开源项目，不使用任何不可替代的私有/商业组件，使用插件化方式进行架构设计与实现。它由多个相互独立的项目组成，每个项目包含多个独立服务组件，使用了去中心化架构。其约 70%的代码（核心逻辑）使用 Python 编写。

（3）OpenStack 的发展

OpenStack 有许多版本，在标识版本的时候，采用了以

图 5-11　OpenStack 登录页面

A～Z 开头的不同单词来表示不同的版本。其第一个版本 A（Austin）版于 2010 年 10 月正式发布。从 2013 年开始，每年大约发行 2 个版本，大约在 4 月和 10 月中旬发布，截至 2023 年 4 月正式版本已发展至第 27 个版本 Antelope。OpenStack 的版本如图 5-12 所示。

OpenStack Releases

Release Series

OpenStack is developed and released around 6-month cycles. After the initial release, additional stable point releases will be released in each release series. You can find the detail of the various release series here on their series page. Subscribe to the combined release calendar for continual updates.

Series	Status	Initial Release Date	Next Phase	EOL Date
2023.2 Bobcat	Development	2023-10-04 *estimated* (schedule)	Maintained *estimated 2023-10-04*	
2023.1 Antelope (SLURP)	Maintained	2023-03-22	Extended Maintenance *estimated 2024-09-22*	
Zed	Maintained	2022-10-05	Extended Maintenance *estimated 2024-04-05*	
Yoga	Maintained	2022-03-30	Extended Maintenance *estimated 2023-11-02*	
Xena	Maintained	2021-10-06	Extended Maintenance *estimated 2023-04-20*	

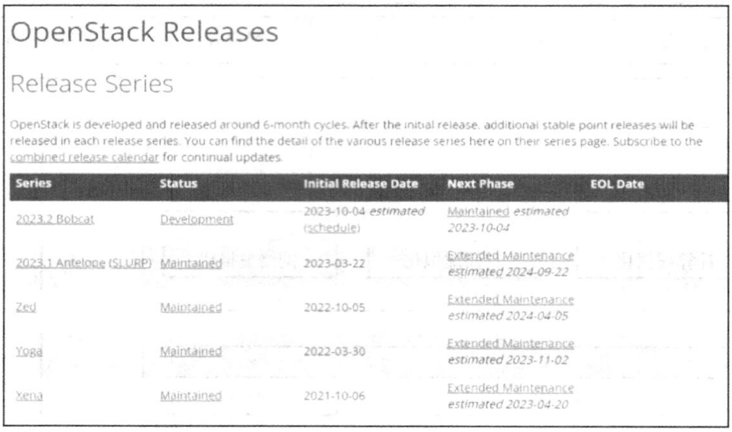

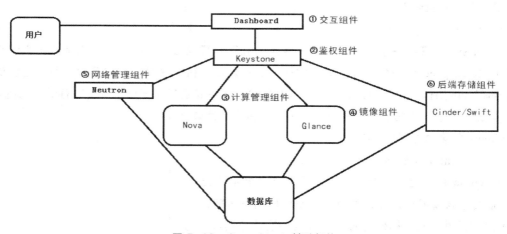

图 5-12　OpenStack 的版本

OpenStack 的版本详情可参考 OpenStack 官方网站。

（4）OpenStack 基础架构

云计算离不开虚拟化，虚拟化是云计算的基层。虚拟化所虚拟的是 CPU、内存、磁盘、操作系统、网络等基础资源。所以，OpenStack 的各个组件功能都是围绕管理和调试这些基础资源开发的。

OpenStack 基础架构如图 5-13 所示，OpenStack 的重要组件（必选）介绍如下。

图 5-13　OpenStack 基础架构

① Dashboard：交互组件，提供用户入口与交互界面。

② Keystone：鉴权组件，负责用户身份认证与鉴权。

③ Nova：计算管理组件，负责虚拟机生命周期管理。

④ Glance：镜像组件，负责虚拟机的镜像管理。

⑤ Neutron：网络管理组件，负责虚拟网络管理。

⑥ Cinder/Swift：后端存储组件，用于块存储或对象存储管理。

OpenStack 的其他组件（可选）介绍如下。

① Ceilometer：监控 OpenStack 系统性能使用情况，商业产品中一般用来实现计费功能。

② Heat：编排组件，主要用来实现自动化部署应用。

3．华为云操作系统 FusionShpere

FusionShpere 是华为技术有限公司拥有自主知识产权的云操作系统，集虚拟化平台和云管理特性于一身，它能使云计算平台的建设和使用更加简捷，专门满足企业和运营商客户云计算的需求。华为云操作系统专门为云设计和优化，提供强大的虚拟化和资源池管理功能、丰富的云基础服务组件和工具、开放的 API 等，全面支撑传统和新型的企业服务，能极大地提升 IT 资产价值，并提高 IT 运营维护效率，降低运维成本。

FusionShpere 是在开源 OpenStack 基础上二次开发的商业化产品，对比 OpenStack，FusionShpere 为用户提供了非常友善、易于管理、功能完善的操作界面。

如图 5-14 所示，FusionShpere 基于 OpenStack 在计算虚拟化、存储虚拟化及网络虚拟化方面进行了深度扩展。

① 高性能存储加速输入输出（Input/Output，I/O）、高性能分布式存储、可扩展超大存储池。

② 电信级开源 KVM 增强，高性能、高可靠和易维护。

③ 高可用性商业部署框架，支持一键式无损升级、硬件即插即用、故障自动恢复。

④ OpenStack 社区标准服务，华为驱动/插件统一管理。

⑤ 软件定义网络（Software Defined Network，SDN）管理，高性能虚拟机通信，可视化虚拟网络和物理网络拓扑管理。

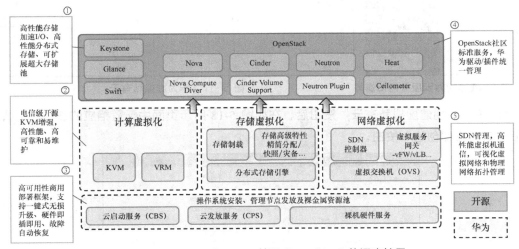

图 5-14　FusionShpere 基于 OpenStack 的深度扩展

※5.2　华为 ECS Linux 开发实战

此项目主要实现以下功能：使用华为弹性云服务器（Elastic Cloud Server，ECS）安装 Linux 操作系统，在云服务器中配置编程环境，并通过购买的云硬盘扩展云服务器的存储空间及通过云备份实现数据恢复。

5.2.1　Linux 云服务器的购买及设置

为了使用可靠稳定的服务器，需要购买专业的云服务，可以在华为云官网以比较节省成本的方式购买一台基础的云服务器。以下是操作步骤。

① 打开浏览器，进入华为云平台页面，如图 5-15 所示，单击"登录"按钮。

图 5-15　华为云平台页面

② 输入已注册的用户名及密码，进入控制台页面，选择华为云服务器归属地，如图 5-16 所示，这里选择"华北-北京四"。

③ 虚拟私有云（Virtual Private Cloud，VPC）为 ECS 构建的隔离的、用户自主配置和管理的虚拟网络环境，以提升用户云资源的安全性，简化用户的网络部署。在图 5-17 所示页面中选择右侧列表中"网络"→"虚拟私有云 VPC"选项，进入网络控制台。

图 5-16　选择华为云服务器归属地

图 5-17　华为虚拟私有云

④ 单击"创建虚拟私有云"按钮后，在如图 5-18 所示页面中配置相应的参数，配置完成后单击"立即创建"按钮。

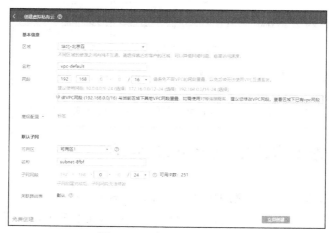

图 5-18　创建虚拟私有云

⑤ 打开虚拟私有云列表，可查看已经创建的虚拟私有云，如图 5-19 所示。

图 5-19　查看已经创建的虚拟私有云

⑥ ECS 是由 CPU、内存、操作系统、云硬盘等组成的基础的计算组件。ECS 创建成功后，可以像使用自己的本地计算机或物理服务器一样使用 ECS。返回控制台后，在如图 5-20 所示页面选择"服务列表"→"弹性云服务器 ECS"选项，进入 ECS 管理页面。

⑦ 在图 5-21 所示页面的右上角单击"购买弹性云服务器"按钮，进行云服务器的基础配置。

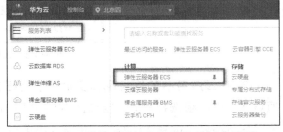

图 5-20　选择"弹性云服务器 ECS"选项

图 5-21　购买弹性云服务器

因为是为了学习，故按最低的使用成本购买一个基础的云服务器即可。在图 5-22 所示页面中，计费模式选择"按需计费"；区域选择"华北-北京四"；可用区选择"随机分配"；CPU 架构选择"x86 计算"；规格选择"通用计算型"和"s6.small.1"。

图 5-22　云服务器的基础配置页面

在云服务器的基础配置页面底部，镜像选择"公共镜像"；镜像系统选择"CentOS 7.6 64bit(40GB)"；不勾选"开通主机安全"复选框；系统盘选择"高IO"和"40"（单位为 GB），如图 5-23 所示。

图 5-23　云服务器镜像

⑧ 在云服务器的网络配置页面中，网络选择之前已创建的虚拟私有云；扩展网卡无须设置；安全组选择默认安全组；弹性公网 IP 选择"现在购买"；线路选择"静态 BGP"；公网带宽选择"按带宽计费"；带宽大小选择"1"（单位为 Mbit/s），如图 5-24 所示。

图 5-24　云服务器网络配置页面

⑨ 在云服务器的高级配置页面中，云服务器名称可自定义，如设为"ecs-Linux"；登录凭证选择"密码"；密码可自定义，如"Huawei@123"；确认密码为"Huawei@123"；云备份选择"暂不购买"；其他选项不用设置，默认即可，如图 5-25 所示。

⑩ 在云服务器的确认配置页面中，确认相应配置后，勾选"我已经阅读并同意《华为镜像免责声明》"复选框，单击"立即购买"按钮，如图 5-26 所示。打开云服务器列表，可查看已创建好的云服务器，如图 5-27 所示。

到此，Linux 云服务器的购买及设置完成。

图 5-25　云服务器的高级配置页面

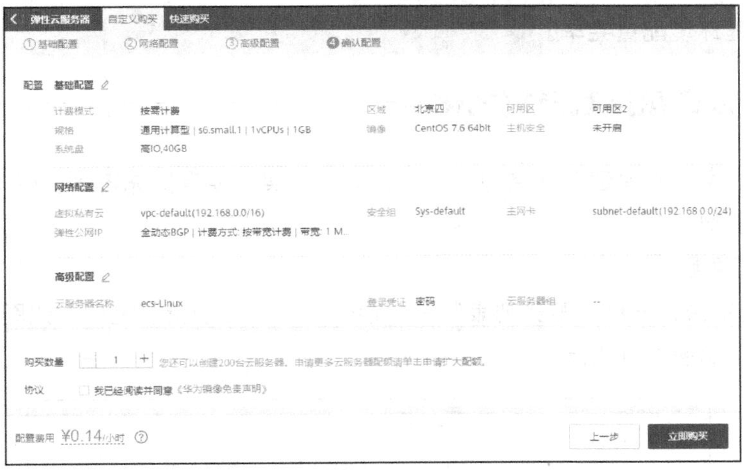

图 5-26　云服务器的确认配置页面

图 5-27　查看已创建好的云服务器

5.2.2　云服务器编程环境配置

云服务器创建好后，可以像计算机一样进行操作，也可以用于编程开发，但在开发前需配置相关的编程环境。

1. Java 开发环境配置

JDK 是 Java 程序执行及开发必不可少的工具套件，Linux 操作系统中常用的是开源的

137

OpenJDK 而不是 Oracle 公司的 JDK。

登录云服务器后，使用以下命令查看安装源是否能够安装 OpenJDK，如图 5-28 所示。

```
yum list |grep java-1.8.0-openjdk-devel
```

```
[root@ecs-linux ~]# yum list |grep java-1.8.0-openjdk-devel
java-1.8.0-openjdk-devel.i686           1:1.8.0.282.b08-1.el7_9         updates
java-1.8.0-openjdk-devel.x86_64         1:1.8.0.282.b08-1.el7_9         updates
[root@ecs-linux ~]# □
```

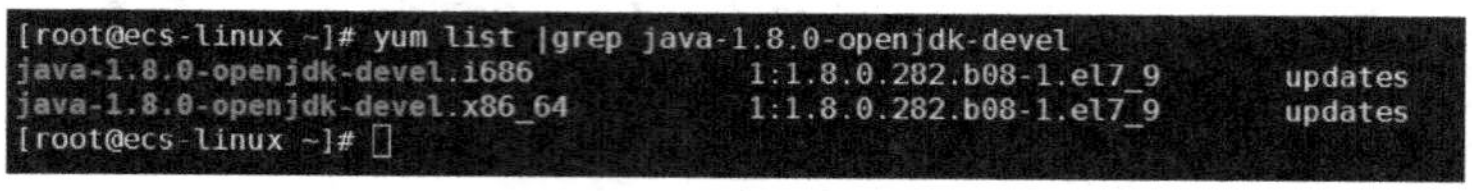

图 5-28　查看安装源

图 5-28 所示结果表示能够使用该安装源安装 OpenJDK，使用以下命令安装 OpenJDK。

```
yum install java-1.8.0-openjdk-devel -y
```

此命令会把 OpenJDK 及其所依赖的其他软件包安装到系统中。

2．C、C++环境配置

通过以下命令安装相关工具及功能库即可。

```
yum install gcc gcc-c++ libstdc++-devel - y
```

至此，编程环境配置完毕。

5.2.3　云硬盘挂载及格式化

在云服务器中，当遇到存储空间不足时，可以购买云硬盘扩充容量。以下是购买及挂载云硬盘的操作步骤。

1．购买云硬盘

① 登录控制台，选择"服务列表"→"存储"→"云硬盘"选项，如图 5-29 所示，进入云硬盘页面，如图 5-30 所示。

图 5-29　控制台

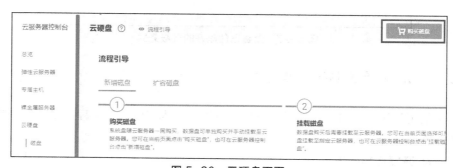

图 5-30　云硬盘页面

② 在云硬盘页面的右上角单击"购买磁盘"按钮,进入云硬盘配置页面,如图 5-31 所示。

③ 根据图 5-31 的提示,配置云硬盘的基本信息。计费模式选择"按需计费";区域选择"华北-北京四";可用区选择"可用区 1";磁盘规格选择"普通 IO"(若无此规格,则可选择此页面中存在的规格);容量选择"20"(单位为 GB);云备份选择"暂不购买";磁盘名称输入"volume-winadded"(用户可自定义)。

④ 单击"立即购买"按钮,进入云硬盘详情页面,如图 5-32 所示,可以核对云硬盘信息。确认无误后,单击"提交"按钮,开始创建云硬盘。也可单击"上一步"按钮,以修改相关参数。

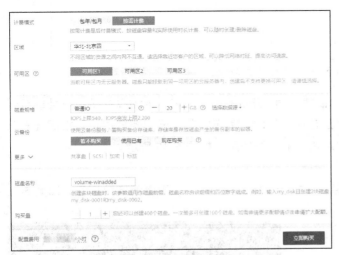

图 5-31　云硬盘配置页面

图 5-32　云硬盘详情页面

⑤ 打开磁盘列表,进入云硬盘主页,如图 5-33 所示,查看云硬盘状态。当云硬盘状态变为"可用"时,表示购买成功。

图 5-33　云硬盘主页

2. 挂载云硬盘

单独购买的云硬盘为数据盘,可以在云硬盘列表中看到其磁盘属性为"数据盘",磁盘状态为"可用"。此时,需要将该数据盘挂载给云服务器使用。

系统盘必须随云服务器一同购买,且会自动挂载,可以在磁盘列表中看到其磁盘属性为"系统盘",磁盘状态为"正在使用"。当系统盘从云服务器中卸载后,系统盘的磁盘属性将变为"启动盘",磁盘状态变为"可用"。(非共享云硬盘可理解为普通计算机购买的固态盘等，挂载后对应计算机中的 C、D、E 盘等。）

① 在磁盘列表中找到需要挂载的云硬盘，单击"挂载"按钮，进入挂载云硬盘页面，如图 5-34 所示。

② 选择云硬盘待挂载的云服务器，该云服务器必须与云硬盘位于同一个可用区。通过"选择挂载点"下拉列表将"选择挂载点"选项设为"数据盘"。

图 5-34　挂载云硬盘页面

③ 返回磁盘列表页面，此时云硬盘状态为"正在挂载"，表示云硬盘处于正在挂载至云服务器的过程中。当云硬盘状态为"正在使用"时，表示挂载至云服务器成功。根据挂载云硬盘提示框，挂载的硬盘必须进行初始化才能正常使用，如图 5-35 所示。

3．初始化云硬盘

① 登录之前创建的 Linux 云服务器，执行"fdisk -l"命令，查看新增数据盘，如图 5-36 所示。

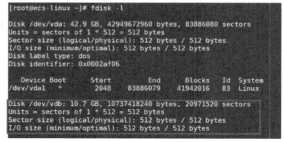

图 5-35　挂载云硬盘提示框

图 5-36　查看新增数据盘

图 5-36 所示信息表示当前的云服务器中有两块磁盘，/dev/vda 是系统盘，/dev/vdb 是新增数据盘。

② 执行"fdisk /dev/vdb"命令，进入 fdisk 命令操作页面，如图 5-37 所示，开始对新增数据盘执行分区操作。

如图 5-38 所示，输入"n"，按 Enter 键，进入创建分区页面。

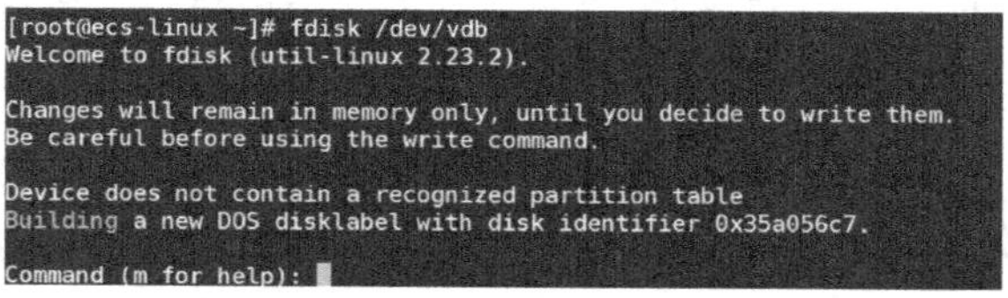

图 5-37　fdisk 命令操作页面

图 5-38　创建分区页面

以创建一个主分区为例，在图 5-38 所示页面中输入“p”，按 Enter 键开始创建一个主分区。以分区编号选择“1”为例，输入主分区编号“1”，按 Enter 键确认。如图 5-39 所示，以选择默认初始扇区编号 2048 为例，按 Enter 键选择默认初始扇区编号，“Last sector”表示截止扇区编号，可以选择 2048～20971519，默认为 20971519。

```
Command (m for help): n
Partition type:
   p   primary (0 primary, 0 extended, 4 free)
   e   extended
Select (default p): p
Partition number (1-4, default 1): 1
First sector (2048-20971519, default 2048):
Using default value 2048
Last sector, +sectors or +size{K,M,G} (2048-20971519, default 20971519):
```

图 5-39　设置分区大小

图 5-40 所示的输出信息表示创建分区完成，即用 10GB 的数据盘新建了 1 个分区。

```
Command (m for help): n
Partition type:
   p   primary (0 primary, 0 extended, 4 free)
   e   extended
Select (default p): p
Partition number (1-4, default 1): 1
First sector (2048-20971519, default 2048):
Using default value 2048
Last sector, +sectors or +size{K,M,G} (2048-20971519, default 20971519):
Using default value 20971519
Partition 1 of type Linux and of size 10 GiB is set

Command (m for help):
```

图 5-40　创建分区完成

回到图 5-37 所示页面后输入“p”，按 Enter 键查看新建分区的详细信息，如图 5-41 所示。

确认新建分区信息无误后输入“w”，按 Enter 键将分区结果写入分区表。图 5-42 所示的输出信息表示分区表写入成功。

```
Command (m for help): p

Disk /dev/vdb: 10.7 GB, 10737418240 bytes, 20971520 sectors
Units = sectors of 1 * 512 = 512 bytes
Sector size (logical/physical): 512 bytes / 512 bytes
I/O size (minimum/optimal): 512 bytes / 512 bytes
Disk label type: dos
Disk identifier: 0x35a056c7

   Device Boot      Start         End      Blocks   Id  System
/dev/vdb1            2048    20971519    10484736   83  Linux

Command (m for help):
```

图 5-41　查看新建分区的详细信息

```
Command (m for help): w
The partition table has been altered!

Calling ioctl() to re-read partition table.
Syncing disks.
```

图 5-42　分区表写入成功

注意：如果分区操作有误，则可输入“q”退出 fdisk 命令操作页面，之前的分区结果将不会被保留。

③ 云服务器在重启系统前无法马上使用创建出来的分区，除了重启操作外，也可以执行“partprobe”命令，将新的分区表同步到操作系统中。

④ 新创建的分区只有初始化后才可以使用。执行“mkfs”命令，将新建分区的文件系统格式设为系统所需的文件系统格式，命令初始为：“mkfs -t 文件系统格式 /dev/vdb1”。这里将以设置文件系统格式为 ext4 为例，命令如下。

```
mkfs -t ext4 /dev/vdb1
```

初始化时需要等待一段时间，在这段时间里不要退出系统，等待任务状态变为“done”即可。

⑤ 执行"mkdir"命令，新建目录，用作分区的挂载点，这里以新建挂载点/mnt/sdc 为例，命令如下。

```
mkdir /mnt/sdc
```

⑥ 执行"mount"命令，将新建分区挂载到步骤⑤中新建的挂载点下，这里以挂载新建分区至/mnt/sdc 为例，命令如下。

```
mount /dev/vdb1 /mnt/sdc
```

⑦ 执行"df -TH"命令，查看分区挂载结果，如图 5-43 所示。

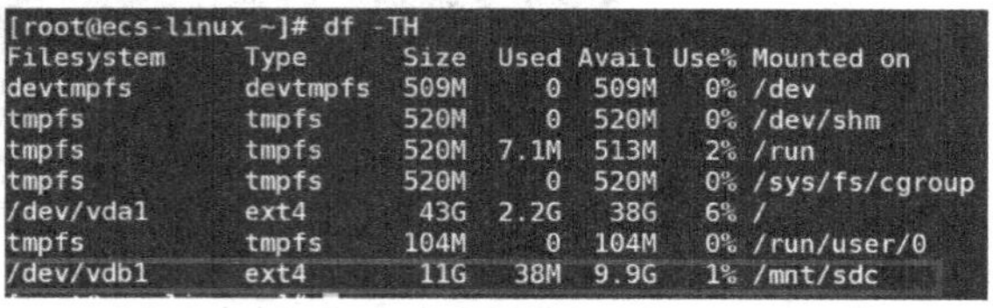

图 5-43 所示信息表示新建分区/dev/vdb1 已挂载至/mnt/sdc。

⑧ 执行"blkid"命令查看分区的

图 5-43 查看分区挂载结果

UUID，这里以查询磁盘分区/dev/vdb1 的 UUID 为例，执行以下命令，命令输出结果如图 5-44 所示。

```
blkid /dev/vdb1
```

图 5-44 查看分区的 UUID

⑨ 配置开机自动挂载分区，编辑/etc/fstab 文件，将分区设置为开机自动启动。执行"vi/etc/fstab"命令打开文件后，进入输入模式，输入以下内容（UUID 换成自己查询所得的 ID）。

```
UUID= 8493dccb-1a8c-4225-8e9c-84eb1243cf23 /mnt/sdc ext4 defaults   0 2
```

执行如下命令，对/etc/fstab 文件的所有内容进行重新加载。

```
mount -a
```

执行如下命令，查询文件系统挂载信息。

```
mount | grep /mnt/sdc
```

5.2.4 Linux 云备份

云备份为云内的 ECS、云耀云服务器（Hyper Elastic Cloud Server，HECS）、裸金属服务器（Bare Metal Server，BMS）（下文统称为服务器）、云硬盘、弹性文件服务（Scalable File Service，SFS）Turbo 和云中的 VMware 虚拟化环境提供简单易用的备份服务，针对病毒入侵、人为误删除、软/硬件故障等场景，可将数据恢复到其在任意备份点下的状态。云备份保障用户数据的安全性和正确性，确保业务安全。

1. 购买云备份服务

① 进入控制台，选择"云备份"，如图 5-45 所示。

② 购买云备份存储库，选中需要备份的云服务器，按需进行配置。计费模式选择"按需计费"；区域选择"北京四"；保护类型选择"备份"；云服务器选择"ecs-linux"；容量选择"80"（单位为 GB）；自动备份选择"立即配置，创建备份策略"；存储库名称设置为"vault-test"。

③ 在图 5-46 所示页面中确认配置无误后，在页面的右下角单击"提交"按钮提交购买信息。

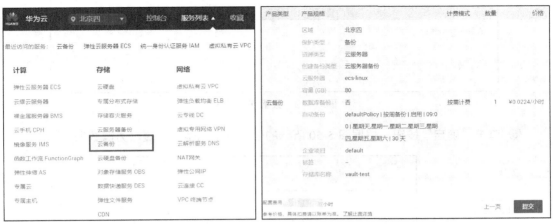

图 5-45　选择"云备份"　　　　　　　　　图 5-46　云备份确认配置页面

④ 打开云备份页面，如图 5-47 所示，可以在存储库列表中看到成功创建的存储库。

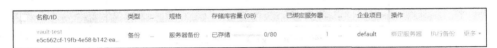

图 5-47　云备份页面

2．模拟数据恢复

当服务器中的磁盘发生故障，或者由于人为误操作导致服务器数据丢失时，可以使用已经创建成功的云备份恢复服务器。但为了确保成功恢复数据，必须满足这些条件：需要待恢复的服务器中的磁盘运行状态正常，需要待恢复的服务器至少存在一个备份，需要待恢复的服务器的备份的状态为"可用"。

① 登录云服务器，执行"vi /root/test"　命令创建一个文件，输入内容"hello world"。

② 在云备份页面中，选择"存储库"选项卡，找到云服务器对应的存储库，单击"操作"列下的"执行备份"按钮。选择绑定了存储库的服务器中需要备份的服务器，此时，将在"已选服务器"页面中展示需要备份的服务器，如图 5-48 所示。

图 5-48　需要备份的服务器

③ 模拟数据丢失，登录云服务器，执行"rm -rf /root/test"命令，删除/root/test 文件。

④ 在云备份页面中选择"备份副本"选项卡，如图 5-49 所示，找到存储库和服务器所对应的备份，单击备份所在行的"恢复数据"超链接。

图 5-49　数据恢复页面

⑤　单击"确定"按钮，根据图 5-50 所示的信息，使用备份恢复服务器数据。

图 5-50　恢复服务器提示框

⑥　云备份恢复完成后，登录云服务器 ecs-linux，被删除的文件/root/test 应已恢复。

5.3　项目实施

本项目主要在第 4 章的学生成绩管理系统依托的 Linux 操作系统中搭建 Web 服务器，先在虚拟机的 EulerOS 中搭建只能访问局域网的 Web 服务器，再在云服务器中搭建无网络访问限制的 Web 服务器。

※5.3.1　EulerOS 中 Web 服务器的搭建

为了在云服务器的 Linux 操作系统中搭建 Web 服务器，需要先在虚拟机的 Linux 操作系统中搭建 Web 服务器，因为在虚拟机中操作比在云服务器中操作要容易得多。以下是在虚拟机的 EulerOS 中搭建 Web 服务器的步骤。

V5-1　EulerOS 中
Web 服务器的搭建 1

V5-2　EulerOS 中
Web 服务器的搭建 2

V5-3　EulerOS 中
Web 服务器的搭建 3

V5-4　EulerOS 中
Web 服务器的搭建 4

步骤 1　配置 Java 开发环境

如果 Java 开发环境尚没有配置好，则其安装及配置过程可参考 4.1.1 节。

步骤 2　Web 项目源码包传入虚拟机

通过访问虚拟机共享目录，将第 4 章的学生成绩管理系统项目源码包 student.tar.gz 传入 EulerOS，并执行"tar xf student.tar.gz -C /usr/local"命令，将项目源码包解压到虚拟机的/usr/local 目录下。

步骤 3　安装 Web 服务器 Tomcat

（1）下载 Tomcat

在浏览器中进入 Tomcat 官网下载页面，下载相应版本的 Tomcat，如图 5-51 所示。

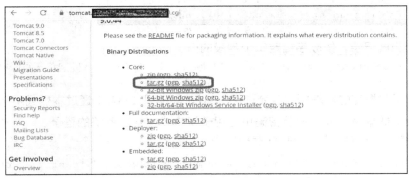

图 5-51　Tomcat 官网下载页面

下载完成后，通过执行"sudo tar xf apache-tomcat-9.0.58.tar.gz -C /usr/local/"命令，将压缩包解压到/usr/local 目录下，解压完成后，Tomcat 在/usr/local/apache-tomcat-9.0.58 路径下。

（2）安装 Tomcat 能够访问数据库的支持包

从 MySQL 官网下载支持包，下载后将解压得到的 mysql-connector-java-8.0.23.jar 复制到 Tomcat 服务器扩展库所在的目录/usr/local/apache-tomcat-9.0.58/lib/下。

（3）配置 Tomcat 服务器

在 Tomcat 的 conf/Catalina/localhost 目录下新建一个 student.xml 文件，用于指定学生成绩管理系统项目源码的路径。执行如下打开该文件的命令。

```
vim /usr/local/apache-tomcat-9.0.58/conf/Catalina/localhost/student.xml
```

打开文件后，新增内容以指定项目源码路径。

```
<?xml version='1.0' encoding='utf-8'?>
<Context path="student" docBase="/usr/local/student/WebContent/" debug="0"
privileged="true" />
```

通常情况下，Web 项目是以 index.*文件作为启动页面的，但这里以 login.jsp 作为启动页面，所以需要修改 Tomcat 的配置。

打开/usr/local/apache-tomcat-9.0.58/conf/web.xml 配置文件，将第 4734 行的内容修改为"<welcome-file>login.jsp</welcome-file>"，保存修改并退出文件。

步骤 4　安装配置 MariaDB

（1）安装 MariaDB

安装命令如下。

```
yum install mariadb
```

安装完成后，启动 MariaDB 后台服务，启动命令如下。

```
systemctl start mariadb.service
```

（2）创建数据库、数据表及为用户授权

通过执行"mysql"命令进入数据库命令操作页面，并进行如下操作。

① 创建数据库。

```
create database mydb; --创建数据库 mydb
use  mydb; --指定当前使用数据库 mydb
```

② 创建数据表，并指定使用 UTF-8 字符编码，以便支持中文。

```
create table student(id varchar(20), name char(20), age int, tel char(20),
address char(250), math float, english float, science float ) CHARSET=UTF8;
```

③ 增加测试记录，按顺序指定每个字段的值。

```
insert into student values("02", "小刚", 22, "17×××3", "广东省深圳市", 88.5,
76.5, 92);
```

④ 为访问数据库的用户授权，允许用户 who 凭密码 123456 通过本机或网络操作数据库 mydb 中的所有数据表，此用户及密码也可用于学生成绩管理系统的登录。

```
grant select,insert,update,delete on mydb.* to who@"localhost" identified by
"123456";
grant select,insert,update,delete on mydb.* to who@"%" identified by "123456";
```

步骤 5　启动 Web 服务器

（1）开放 Tomcat 服务器端口

为了能通过网络远程访问学生成绩管理系统，需要在 EulerOS 的防火墙上开放 Tomcat 服务器默认使用的 8080 端口，相关命令如下。

```
firewall-cmd --zone=public --add-port=8080/tcp --permanent
//防火墙永久开放 8080 端口
firewall-cmd --reload //重新加载防火墙规则
```

（2）启动服务

启动 MariaDB 服务，如已在前面的步骤中将其启动，则跳过此步骤。启动命令如下。

```
systemctl start mariadb.service
```

启动 Tomcat 服务器，执行 Tomcat 自带的启动脚本。

```
/usr/local/apache-tomcat-9.0.58/bin/startup.sh
```

启动服务后，可在虚拟机的浏览器中访问 localhost:8080/student/以登录系统。

（3）远程网络访问系统

为了能通过网络远程访问虚拟机中的学生成绩管理系统，还需要在虚拟机软件上指定虚拟机的操作系统使用桥接网络，即让虚拟机的操作系统直接通过网卡与外部网络通信，而不是经过物理机的 Windows 操作系统来进行联网访问。

① 在虚拟机软件中，选择"设备"→"网络"选项，进入虚拟机网络设置页面，如图 5-52 所示。

连接方式选择"桥接网卡"；可通过页面名称选择是通过有线网络还是无线网络来访问系统，使用有线网络可选择带"PCIe"的设备，使用无线网络则可选择带"Wireless"的设备。

② 分配虚拟机操作系统的 IP 地址。

可通过执行"dhclient"命令动态分配空闲的 IP 地址，如已执行过此命令，则可先通过命令"killall dhclient"退出获取动态分配的 IP 地址的进程，再执行"dhclient"命令。

③ 确认虚拟机操作系统的 IP 地址。

通过执行 "ifconfig" 命令查看当前系统被分配的 IP 地址，如图 5-53 所示。

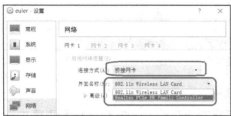

图 5-52　虚拟机网络设置页面

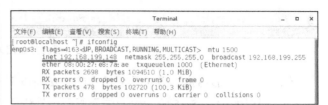

图 5-53　查看当前系统被分配的 IP 地址

在浏览器中通过访问地址 192.168.199.148:8080/student 登录系统。

5.3.2　云服务器中 Web 服务器的搭建

在云服务器中搭建 Web 服务器，可实现通过网络随时随地访问 Web 服务程序，同时，依托于安全可靠的云服务，可免去和网络和系统安全等相关的维护性工作。以下是在云服务器中搭建 Web 服务器的步骤。

步骤 1　云服务器的配置

（1）创建云服务器。

参考 5.2.1 小节的内容创建一个低成本的云服务器，云服务器配置参数如图 5-54 所示。

云服务器镜像使用 EulerOS 2.5。为了尽可能地节省费用，云服务器使用基础性能配置，计费模式使用按需计费即可。当不需要使用云服务器时，关闭云服务器有助于降低费用。

V5-5　云服务器中 Web 服务器的搭建 1

V5-6　云服务器中 Web 服务器的搭建 2

V5-7　云服务器中 Web 服务器的搭建 3

V5-8　云服务器中 Web 服务器的搭建 4

图 5-54　云服务器配置参数

云服务器创建完成后，EulerOS 将自动安装完成，且为它分配的公网 IP 地址等云服务器相关信息可在云服务器列表页面中查看，如图 5-55 所示，可通过此 IP 地址登录并访问云服务器中的 EulerOS。

图 5-55　云服务器相关信息

（2）登录云服务器。登录云服务器的方法有以下几种。

① 通过使用图 5-55 所示页面中云服务器提供的远程登录功能，在图 5-56 所示页面中选择通过 CloudShell 或 VNC 登录云服务器。

② 在 Linux 操作系统中通过使用"ssh 云服务器的公网 IP 地址"格式的命令登录云服务器。例如：

```
sudo ssh 121.36.99.2
```

命令执行后，根据提示先后输入 Linux 操作系统的管理员的密码及云服务器的管理员的密码。

③ 在 Windows 操作系统中可使用 PuTTY 登录云服务器。配置 PuTTY 时，只需提供云服务器的公网 IP 地址，指定使用 SSH 连接协议及 22 号端口即可，如图 5-57 所示。

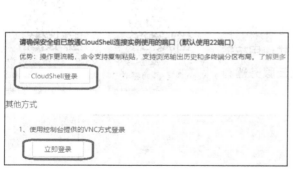

图 5-56　远程登录选择

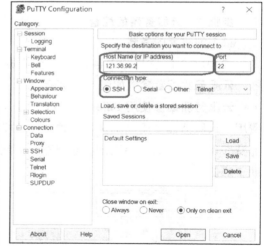

图 5-57　配置 PuTTY

配置完成后，单击"Open"按钮，根据提示输入云服务器的用户名及密码即可登录。

步骤 2　搭建 FTP 服务器

为了便于上传文件到云服务器中，可在云服务器中搭建 FTP 服务器，并通过 FTP 方式上传文件。以 root 用户身份登录云服务器后，相关操作如下。

① 安装 vsftpd。vsftpd 的全称是"very secure FTP daemon"，是一款在 Linux 操作系统发行版本中使用较多的 FTP 服务器软件。其安装命令如下。

```
yum install vsftpd
```

② 设置云服务器启动后自动开启 FTP 服务，命令如下。

```
systemctl enable vsftpd.service
```

③ 手动启动 FTP 服务，命令如下。

```
systemctl start vsftpd.service
```

④ 查看 FTP 服务工作状态，当其处于图 5-58 所示信息中的"active (running)"状态时，表示 FTP 服务工作正常，命令如下。

```
systemctl status vsftpd.service
```

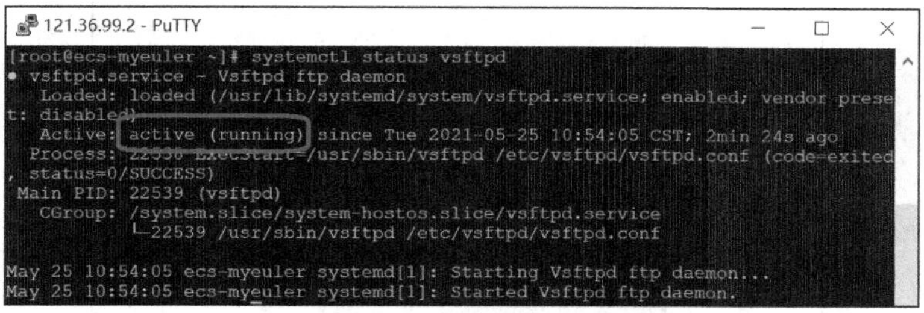

图 5-58　查看 FTP 服务工作状态

⑤ 增加 FTP 服务器的用户 ftpuser 并为其设置密码，命令如下。

```
useradd ftpuser
passwd ftpuser
```

⑥ 创建上传文件的接收目录，如/var/ftp/myftp，命令如下。

```
mkdir /var/ftp/myftp
```

⑦ 将步骤 6 创建的 myftp 目录属主改为 FTP 服务器的用户 ftpuser，命令如下。

```
chown -R ftpuser:ftpuser /var/ftp/myftp
```

⑧ 配置 FTP 服务。执行"vim /etc/vsftpd/vsftpd.conf"命令，打开配置文件，修改以下内容。

```
12  anonymous_enable=NO                #不允许匿名登录 FTP 服务器
16  local_enable=YES                   #允许本地用户登录 FTP 服务器
19  write_enable=YES                   #允许上传文件
24  local_root=/var/ftp/myftp          #FTP 服务器的本地用户使用的文件目录
101 chroot_local_user=YES              #所有用户都被限制在其主目录
105 allow_writeable_chroot=YES         #允许用户写目录
116 listen=YES                         #指定通过 IPv4 地址访问 FTP 服务器
125 listen_ipv6=NO                     #不使用 IPv6 地址
130 pasv_address=121.36.99.2           #FTP 服务器的公网 IP 地址
131 pasv_min_port=3000                 #被动模式下使用的最小端口
132 pasv_max_port=3100                 #被动模式下使用的最大端口
```

⑨ 保存修改好的配置文件后，重启 vsftpd 服务，命令如下。

```
systemctl restart vsftpd.service
```

⑩ 配置云服务器开放 FTP 服务所用到的端口号。在云服务器列表页面中，选中云服务器后，进入如图 5-59 所示页面，选择"安全组"选项卡中的"配置规则"选项。

选择"入方向规则"选项卡，单击"添加规则"按钮，如图 5-60 所示。

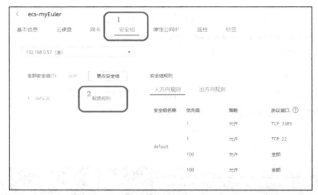

图 5-59 配置规则

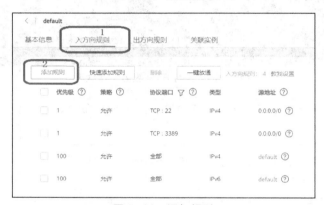

图 5-60 添加规则

添加开放端口，如图 5-61 所示，添加开放 FTP 服务所用的传输控制协议（Transmission Control Protocol，TCP）的"20-21"端口，以及 FTP 被动模式下处理客户端访问所用的 TCP 的"3000-3100"端口。

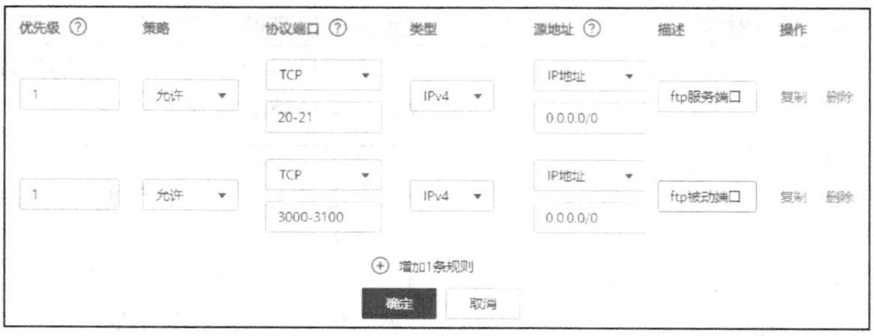

图 5-61 添加开放端口

⑪ 访问 FTP 服务器，方法有以下几种。

方法 1：在浏览器的地址栏中输入"ftp://FTP 服务器 IP 地址:FTP 端口"（如果不输入端口，则默认访问 21 端口）。若弹出要求输入用户名和密码的对话框则表示 FTP 服务器配置成功，正确输入用户名和密码后，即可对文件进行下载，但无法上传文件。

方法 2：在 Linux 操作系统中可通过 FTP 命令上传和下载文件。

a. 先通过"ftp 服务器的公网 IP 地址"格式的命令登录 FTP 服务器。例如，执行"ftp 121.36.99.2"命令，进入 FTP 命令操作页面。

b. 登录成功后，设置以被动模式访问 FTP 服务器，在 FTP 命令操作页面中执行"passive on"命令。

c. 使用"put 源文件路径 FTP 服务器接收路径"格式的命令上传文件。例如，将/media/sf_E_DRIVE/Another_Day.mp3 上传到云服务器的/var/ftp/myftp 目录下，需要执行如下命令。

```
put /media/sf_E_DRIVE/Another_Day.mp3  /Another_Day.mp3
```

d. 使用"get FTP 服务器共享文件路径接收文件路径"格式的命令下载文件。例如，将云服务器的/var/ftp/myftp/hello.txt 下载到/home/stu 目录下，需要执行如下命令。

```
get  /hello.txt  /home/stu/hello.txt
```

方法 3：在 Windows 操作系统中可通过 WinSCP 这款开源的 FTP 客户端软件上传和下载文件，其客户端登录配置方法如图 5-62 所示。

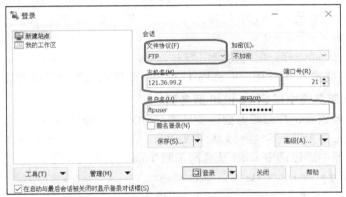

图 5-62　WinSCP 客户端登录配置方法

步骤 3　在云服务器中配置 MariaDB

① 登录云服务器后，通过终端命令安装数据库 MariaDB，命令如下。

```
yum install mariadb-server
```

② 设置 MariaDB 的服务在系统启动时自动启动，命令如下。

```
systemctl enable mariadb.service
```

③ 手动启动一次该服务，命令如下。

```
systemctl start mariadb.service
```

④ 检查 MariaDB 的服务状态。执行命令如下。

```
systemctl status mariadb.service
```

正常情况下，其应处于"activie (running)"状态。

⑤ 创建数据库及数据表。

方法 1：可参考第 4 章学生成绩管理系统项目中创建数据库的方法。

方法 2：从已有相关数据表记录的 Linux 操作系统中导出数据库记录，并在云服务器中导入这些数据库记录并生成相应的数据表。具体步骤如下。

a. 在已有相关数据表记录的 Linux 操作系统中通过执行"mysqldump"命令导出 mydb

数据库中的所有数据库记录，并将其保存为/mydb.sql，命令如下。

```
sudo mysqldump mydb > /mydb.sql
```

b．通过 FTP 命令登录 FTP 服务器，将 mydb.sql 上传到云服务器中，命令如下。

```
ftp 121.36.99.2
passive on
put /mydb.sql  /mydb.sql
```

c．上传后登录云服务器，执行"mysql"命令，进入数据库命令操作页面后执行如下命令。

```
create database mydb;      //创建数据库 mydb
use mydb;                  //使用数据库 mydb
source /var/ftp/myftp/mydb.sql;  //根据 mydb.sql 生成相应的数据表及记录
//设置 who 用户凭密码 123456 通过本机或网络访问 mydb 数据库
grant select,insert,update,delete on mydb.* to who@"localhost" identified by
"123456";
grant select,insert,update,delete on mydb.* to who@"%" identified by "123456";
```

d．如需通过网络访问云服务器中的 mydb 数据库，则需要参考前文添加规则的方法开放
3306 端口。通过网络访问 MariaDB 时需要指定用户名、数据库名、云服务器的公网 IP 地址
等，命令格式如下。

```
sudo mysql -u who -p -D mydb -h 121.36.99.2
```

命令执行后需要输入 who 用户的密码 123456，即可完成登录数据库操作。

步骤 4　在云服务器中搭建 Tomcat 服务器

① 登录云服务器后，在云服务器中安装 OpenJDK，命令如下。

```
yum install java-1.8.0-openjdk-devel
```

② 在云服务器中通过命令 wget 从官网下载 Tomcat，命令如下。

```
wget  ×××/apache-tomcat-9.0.46.tar.gz
```

③ 下载完成后，把压缩包解压到/usr/local 目录下，解压完成后，Tomcat 就在/usr/local/
apache-tomcat-9.0.46 路径下，命令如下。

```
tar xf apache-tomcat-9.0.46.tar.gz -C /usr/local/
```

④ 参考前文添加规则的方法开放 8080 端口。

⑤ 通过 Tomcat 自带的启动脚本启动服务，命令如下。

```
/usr/local/apache-tomcat-9.0.46/bin/startup.sh
```

⑥ 在浏览器中访问地址"云服务器公网 IP 地址:8080"，出现如图 5-63 所示的 Tomcat
测试页面时，即表示 Tomcat 服务器工作正常。

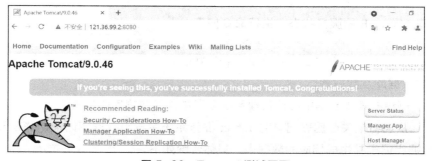

图 5-63　Tomcat 测试页面

步骤 5　部署学生成绩管理系统

① 压缩并打包学生成绩管理系统项目源码，源码包内容如图 5-64 所示，并通过 FTP 服务器将其上传至云服务器中。

② 在云服务器中解压源码包到/usr/local 目录下。执行命令如下。

图 5-64　源码包内容

```
tar xf student.tar.gz -C /usr/local/
```

③ 在 MySQL 官网下载使 Tomcat 能够访问 MySQL 数据库的支持包。下载完成后，将解压得到的 mysql-connector-java-8.0.23.jar 复制到 Tomcat 服务器扩展库所在的目录下，命令如下。

```
wget ××××/mysql-connector-java-8.0.23.tar.gz
tar xf mysql-connector-java-8.0.23.tar.gz
cp mysql-connector-java-8.0.23/mysql-connector-java-8.0.23.jar /usr/local/
apache-tomcat-9.0.46/lib/
```

④ 配置 Tomcat 服务器。在 Tomcat 的 conf/Catalina/localhost 目录下新建一个 student.xml 文件，用于指定学生成绩管理系统源码的路径，命令如下。

```
vim /usr/local/apache-tomcat-9.0.46/conf/Catalina/localhost/student.xml
```

打开文件后，新增内容以指定项目源码路径。

```
<?xml version='1.0' encoding='utf-8'?>
<Context path="student" docBase="/usr/local/student/WebContent/" debug="0"
privileged="true" />
```

通常情况下，Web 项目是以 index.*文件作为启动页面的，但这里以 login.jsp 作为启动页面，所以需要修改 Tomcat 的配置。

打开/usr/local/apache-tomcat-9.0.46/conf/web.xml 配置文件，将第 4734 行的内容修改为"<welcome-file>login.jsp</welcome-file>"，保存修改并退出。

⑤ 重启 Tomcat 服务，使配置生效，命令如下。

```
/usr/local/apache-tomcat-9.0.46/bin/shutdown.sh
/usr/local/apache-tomcat-9.0.46/bin/startup.sh
```

注意：在云服务器中启动 Tomcat 服务 5min 后才可以正常访问 Web 项目的启动页面。

⑥ 在浏览器中访问地址"云服务器公网 IP 地址:8080/student"并登录系统。登录页面如图 5-65 所示。

图 5-65　登录页面

在此登录页面凭 MariaDB 授权访问的用户名及密码即可登录系统。

【知识总结】

1. 云计算就是整合、调度虚拟化资源的计算模式。其中，虚拟化是云计算的核心。

2．虚拟化技术可以基于集群的计算机系统硬件资源，抽象出更多独立的虚拟计算机系统。每个虚拟计算机系统都具有物理机的功能，可以安装各种操作系统，并在这些操作系统中安装各种应用程序。

3．云操作系统又称云计算操作系统、云计算中心操作系统，是以云计算、云存储技术作为支撑的操作系统。

4．OpenStack 是一种目前流行的开源云操作系统，它提供了一个部署云的操作平台工具集，以帮助企业组织和运行用于虚拟计算或存储服务的云，为公有云、私有云或其他云提供可扩展的、灵活的云计算。

5．云服务器中的 Linux 操作系统与物理机中运行的 Linux 操作系统没有区别，但云服务器中的操作系统为了节省资源，一般只提供终端命令操作接口。

【知识巩固】

一、选择题

1．一种通过网络，以服务的方式，提供动态可伸缩的虚拟化资源的计算模式是（　　）。

A．云计算　　　　　　　B．云备份　　　　　　　C．云硬盘　　　　　　　D．以上都不是

2．OpenStack 是一种（　　）。

A．云服务器　　　　　　B．虚拟化架构　　　　　C．云操作系统　　　　　D．以上都不是

3．在 Linux 云服务器中，能够初始化分区的命令是（　　）。

A．fdisk　　　　　　　　B．partprobe　　　　　　C．format　　　　　　　D．mkfs

4．在 Linux 云服务器中，能够建立分区的命令是（　　）。

A．mkpart　　　　　　　B．fdisk　　　　　　　　C．mkfs　　　　　　　　D．以上都不是

5．FTP 服务器默认使用的端口为（　　）。

A．80　　　　　　　　　B．8080　　　　　　　　C．21　　　　　　　　　D．10086

二、填空题

1．当前行业主流的两种虚拟化架构分别是_____和_____。

2．华为 FC 架构的两大组件是_____和_____。

3．ECS 是由_____、_____、_____和_____组成的基础的计算组件。

4．OpenStack 的重要组件有_____、_____、_____、_____、_____和_____。

三、简答题

1．请简述虚拟化与云计算的关系。

2．请简述使用云服务器与本地服务器的区别。

3．Web 服务器中的 Tomcat 有什么作用？

【拓展任务】

请尝试在云服务器中配置 Samba 服务，以便在 Windows 操作系统中访问云服务器的共享目录。

第6章
嵌入式Linux基础及项目实战

06

【知识目标】

1. 学习嵌入式 Linux 操作系统基础。
2. 了解嵌入式操作系统的特点。
3. 了解嵌入式操作系统镜像的制作方法。

【技能目标】

1. 掌握嵌入式操作系统的组成。
2. 掌握 Git 的使用方法。
3. 了解 U-Boot 和 Linux 内核的编译、裁剪及烧录方法。
4. 掌握 OpenWrt 系统固件的制作方法。

【素养目标】

1. 培养良好的思想政治素质和职业道德。
2. 培养爱岗敬业、吃苦耐劳的品质。
3. 培养热爱学习、学以致用的作风。

【项目概述】

基于 Linux 操作系统强大的性能及完全的开放性，Linux 操作系统已成为物联网工程中应用最为广泛的操作系统。在物联网的感知层，开源的 Linux 操作系统经裁剪后运行于物联网终端设备，为物联网提供各种原始的物理数据；在物联网的网络层，可靠的 Linux 操作系统在服务器及网关设备上提供稳定的网络服务，是用户与物联网设备间的通信桥梁；在物联网的应用层，灵活的 Linux 操作系统不管是在用户手持设备上还是在计算机上，都为物联网应用程序提供了开发和运行平台。本章介绍嵌入式 Linux 操作系统开发的基础技术，并基于树莓派 3B+硬件平台和 OpenWrt 系统打造一个网络路由器，为物联网网关的开发积累工作经验。

【思维导图】

```
                                              ┌─ 嵌入式操作系统基础
                              嵌入式Linux基础 ──┼─ 嵌入式操作系统的发展过程
                                              └─ 嵌入式操作系统的开发模式

                                              ┌─ 搭建嵌入式Linux开发环境
嵌入式Linux基础                                 │─ 安装和配置交叉编译器
及项目实战      ─────         嵌入式Linux基础实践 ─┤─ 使用Git管理源码
                                              │─ U-Boot移植
                                              └─ Linux内核裁剪与烧录

              OpenWrt开发项目实战
```

【知识准备】

随着电子技术的日新月异，计算机已经从体积庞大的第一台通用电子计算机（见图 6-1），
发展到毫米级别的微型计算机系统。微型计算机系统最初只有计算功能，而如今在各种行业、各种领域中都有着举足轻重的地位。在嵌入式领域中，可以将微型计算机电气线路进行相应的改进，通过各种外围电路接口接入各种传感器及控制器，实现工业流水线的自动生产及工作状态的实时监测。诸如此类，这种计算机的工作形态与通用的计算机大不一样。为了区别原有的通用计算机，可以将这种嵌入对象体系中实现对象智能化控制的计算机，称作嵌入式计算机系统。

图 6-1　第一台通用电子计算机

6.1　嵌入式 Linux 基础

嵌入式操作系统灵活多变、应用广泛。了解嵌入式操作系统的定义及组成，了解嵌入式操作系统的特点，是学习嵌入式操作系统的重要基础。

6.1.1　嵌入式操作系统基础

嵌入式操作系统的核心是计算机系统，但在系统结构上与人们日常使用的计算机有着较大的差异。

1. 嵌入式操作系统的定义

嵌入式操作系统是以应用为中心，以计算机技术为基础，能够根据用户需求（功能、可靠性、成本、体积、功耗、环境等）灵活裁剪软、硬件模块的专用计算机系统，其特点如下。

① 以应用为中心：嵌入式操作系统是以满足某特定的应用场景而制造的，并追求通用性。其功能需充分考虑用户的易用性，能让用户经过简单学习即可上手。

② 以计算机技术为基础：嵌入式操作系统是以计算机技术为基础，集成特定的外围电路及外围设备而形成的一个计算机系统。

③ 软、硬件可裁剪：嵌入式操作系统面对的应用场景种类繁多，往往伴随着差异极大的个性化设计要求，因此要根据不同的用户需求，综合功能、成本、功耗等方面的要求，灵活裁剪软、硬件，设计出符合要求的系统。

④ 专用性：嵌入式操作系统不强调性能的突出，仅结合对用户需求等的考虑，以够用为原则。嵌入式操作系统的应用场景大多对可靠性、实时性有较高要求，这就决定了服务于特定应用的专用系统是嵌入式操作系统的主流模式，它并不强调系统的通用性和扩展性。

2. 嵌入式操作系统的组成

嵌入式操作系统主要分为硬件层、硬件抽象层（板级支持包层）、系统软件层及应用软件层，如图 6-2 所示。

各个分层的作用分别如下。

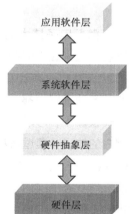

① 硬件层：嵌入式操作系统的硬件组成与通用计算机系统一致，主要由处理器、内部存储器、外部存储器、输入设备及输出设备组成。

② 硬件抽象层：主要根据操作系统制定的统一标准的驱动接口，编写对底层硬件的驱动代码。当操作系统接收到应用程序的功能调用时，系统会通过驱动代码使用硬件的功能完成相应操作。

图 6-2　嵌入式操作系统的组成

③ 系统软件层：即操作系统，统一管理系统所有的软、硬件资源，并分别提供统一标准的应用程序调用接口和驱动接口，使应用程序和底层硬件分离开来。应用程序开发人员无须关心底层硬件的工作情况，只需调用系统提供的接口即可；而硬件抽象层开发人员无须关心应用程序如何使用，只需根据系统的驱动接口要求驱动好硬件即可。

④ 应用软件层：通过操作系统提供的统一标准的应用程序调用接口，调用系统的各种软、硬件功能，完成用户程序的特定功能。

6.1.2　嵌入式操作系统的发展过程

嵌入式操作系统的发展，共经历了以下 4 个阶段。

1. 无嵌入式操作系统阶段

在早期没有运行操作系统的单片机中，大多以可编程控制器的形式工作，具有监测、伺服、设备指示等功能，通常应用于各类工业控制设备中，一般没有操作系统的支持，只能通过汇编语言对系统进行直接控制，运行结束后再清除内存。

2. 简单嵌入式操作系统阶段

20 世纪 80 年代，随着超大规模集成电路技术在计算机系统中的应用，各种简单的嵌入式操作系统出现并得到迅速发展，嵌入式操作系统的程序员也开始基于一些简单的嵌入式操作系统开发嵌入式应用软件。此时的嵌入式操作系统虽然还比较简单，但是已经初步具有了一定的兼容性和扩展性，内核精巧且效率高，主要用来控制系统负载以及监控应用程序的运行。

3. 实时多任务操作系统阶段

20 世纪 90 年代，在数字化通信和信息家电等巨大需求的牵引下，嵌入式操作系统飞速发展。随着硬件实时性要求的提高，嵌入式操作系统的软件规模也不断扩大，逐渐形成实时多任务操作系统，它成为嵌入式操作系统的主流。这一阶段的嵌入式操作系统的主要特点如下：操作系统的实时性得到了很大改善，已经能够运行在各种不同类型的微处理器上，具有高度模块化的特点和扩展性。

4. 面向 Internet 阶段

信息时代和数字时代的到来，为嵌入式操作系统的发展带来了巨大的机遇，同时对嵌入式操作系统厂商提出了新的挑战。目前，嵌入式技术与 Internet 技术的结合正在推动着嵌入式操作系统的飞速发展，嵌入式操作系统的研究和应用会出现更多的、新的显著变化。

6.1.3　嵌入式操作系统的开发模式

嵌入式操作系统的开发主要分为硬件开发和软件开发两部分，一般情况下，其是基于芯片厂商提供的板级支持包进行开发的，开发的大部分工作集中在软件方面。嵌入式操作系统在开发过程中一般采用"宿主机/目标板"开发模式，如图 6-3 所示，即先利用宿主机（计算机）上丰富的软、硬件资源及良好的开发环境和调试工具来开发目标板上的软件，再通过交叉编译环境编写目标代码和生成可执行文件，通过串口/ USB/网络线等将其下载到目标板上，利用交叉调试器在监控程序中运

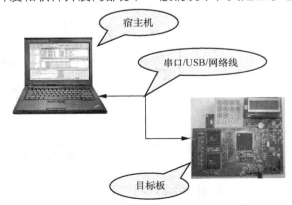

图 6-3　"宿主机/目标板"开发模式

行和实时分析，最后将程序下载并烧录到目标板上，完成整个开发过程。

6.2 嵌入式 Linux 基础实践

对嵌入式操作系统有基本认识后，需要在实践活动中融会贯通。本节将介绍从嵌入式开发环境搭建，到在树莓派 3B+硬件平台上进行 U-Boot 的移植、Linux 内核裁剪等的操作过程。

6.2.1 搭建嵌入式 Linux 开发环境

Linux 操作系统开发环境的搭建过程基本上就是安装各种工具、各种库，以及配置各种服务。下面以第 2 章安装的 Ubuntu 为基础，介绍通过 USB 转串口设备连接树莓派 3B+开发板并搭建开发环境的过程。

V6-1 搭建嵌入式 Linux 开发环境 1

V6-2 搭建嵌入式 Linux 开发环境 2

V6-3 搭建嵌入式 Linux 开发环境 3

1. 安装编译器、所需的工具及库

进入 Ubuntu 后，在终端执行以下命令。

```
sudo apt-get install gcc g++ binutils patch bzip2 flex bison make autoconf
gettext texinfo unzip sharutils subversion libncurses5-dev ncurses-term zlib1g-dev
libssl-dev git
```

2. 设置虚拟机共享 Windows 操作系统目录

为了 Ubuntu 与 Windows 操作系统间的文件访问更方便，可设置共享目录。在 VirtualBox 中选择"设备"→"共享文件夹"选项，打开"添加共享文件夹"对话框，如设置共享 Windows 操作系统中的 E 盘分区，如图 6-4 所示。

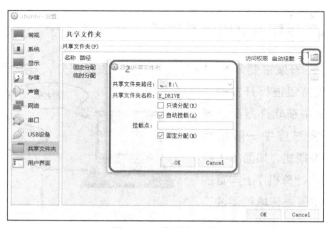

图 6-4 共享文件夹

主要设置项的用途说明如下。

- "共享文件夹路径"用于指定 Windows 操作系统的共享目录。

- "共享文件夹名称"用于指定共享目录在 Ubuntu 中的名称，设置好后可在 Ubuntu 的/media/目录下访问。
- 选中"自动挂载"复选框，会在系统启动时自动把共享目录挂载到指定的目录。
- 选中"固定分配"复选框，系统会把共享目录挂载到一个固定的目录。

3. 配置 Linux 中的串口调试助手——minicom

串口是嵌入式操作系统开发中常用的调试接口，因为现在大多数计算机没有把串口外接出来，所以需要通过 USB 转串口设备来使用串口。图 6-5 所示为一个 USB 转串口设备。

minicom 是一个在 Linux 操作系统终端上运行的串口收发程序，它只显示串口接收到的内容，并把用户的键盘输入通过串口发送出去。

（1）安装 minicom 程序

在终端上执行以下安装命令。

```
sudo apt install minicom
```

（2）在 Ubuntu 中接入 USB 转串口设备

将 USB 转串口设备插入计算机的 USB 接口后，虚拟机中的 Ubuntu 并不能直接使用，还需要配置虚拟机软件。在 VirtualBox 中选择"设备"→"USB"→相应的 USB 转串口设备，如图 6-6 所示，设置虚拟机中的系统使用此设备。

图 6-5　USB 转串口设备　　　　　　图 6-6　设置虚拟机中的系统使用 USB 转串口设备

USB 转串口设备的设备名称通常会带有 USB 型号（如图 6-6 中的 USB2.0-Ser）。

设置完成后，由于在 Ubuntu 中已集成各种 USB 转串口设备的驱动，所以可以直接通过系统产生的/dev/ttyUSB0 设备文件操作串口。

（3）配置 minicom

在终端上执行"sudo minicom-s"命令，进入 minicom 配置主页面，如图 6-7 所示。

选择"Serial port setup"选项，进入串口的配置页面，如图 6-8 所示。

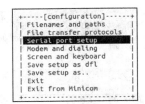

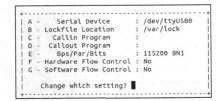

图 6-7　minicom 配置主页面　　　　　　图 6-8　串口的配置页面

通过按键输入每个设置项最左端的字母进入相应项的设置，如按 A 键，则进入 Serial

Device 的设置。

Serial Device 设置为/dev/ttyUSB0，表示 minicom 收发 USB 转串口设备文件。

Bit/s/Par/Bits 设置为"115200 8N1"，表示串口的波特率设为 115200，8 位数据位，没有校验，1 位停止位。

Hardware Flow Control 设置为"No"，表示关闭硬件流控。

Software Flow Control 设置为"No"，表示关闭软件流控。

配置完成后，按 Enter 键返回 minicom 配置主页面，选择"Save setup as dfl"选项，如图 6-9 所示，保存串口的配置信息为默认配置。以后只需通过 minicom 命令使用串口即可，无须执行"sudo minicom -s"命令进行配置。

```
+-----[configuration]------+
| Filenames and paths      |
| File transfer protocols  |
| Serial port setup        |
| Modem and dialing        |
| Screen and keyboard      |
| Save setup as dfl        |
| Save setup as..          |
| Exit                     |
| Exit from Minicom        |
+--------------------------+
```

保存配置后，可通过选择"Exit from Minicom"选项退出 minicom 配置主页面，再通过 minicom 命令打开串口。

图 6-9　保存串口的配置信息

（4）测试串口

可根据图 6-5 的引脚标注，通过跳线帽或杜邦线将 USB 转串口设备的 TXD 和 RXD 短接起来，实现串口的自收自发。USB 转串口设备接入 Ubuntu 后执行 minicom 程序，正常情况下，minicom 会显示用户的键盘输入。

（5）退出 minicom

当 minicom 程序在运行过程中需要退出时，先按住 Ctrl 键再按住 A 键，此时，minicom 底部会出现黑色的状态栏，松开按键后，只按 Q 键，就会弹出图 6-10 所示的 minicom 退出提示信息。

在此页面中选择"Yes"选项，即可结束 minicom 程序的执行。

4.测试树莓派 3B+开发板

（1）下载系统镜像

在树莓派官网上下载系统镜像压缩包：raspios_lite_armhf-2021-05-28/2021-05-07-raspios-buster-armhf-lite.zip。

下载完成后将其解压，可得到 2021-05-07-raspios-buster-armhf-lite.img。

（2）烧录系统镜像

将 Class 6 以上级别的 SD 卡通过读卡器插入计算机后，按图 6-11 所示的方法，设置虚拟机系统访问 SD 卡。

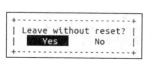

```
+------------------------+
| Leave without reset?   |
|   Yes         No       |
+------------------------+
```

图 6-10　minicom 退出提示信息　　　　　图 6-11　设置虚拟机系统访问 SD 卡

设置完成后，Ubuntu 中会产生/dev/sdb、/dev/sdb1 两个设备文件。将步骤（1）下载的系统镜像烧录到 SD 卡中，在终端执行以下命令。

```
sudo dd if=./2021-05-07-raspios-buster-armhf-lite.img of=/dev/sdb bs=1M
```

烧录操作完成后，SD 卡会自动被分成 boot、rootfs 两个分区，分别用于存放 Linux 内核镜像及系统文件。

（3）使能树莓派的串口输出

将烧录好系统的 SD 卡从计算机移除后重新接入 Ubuntu，SD 卡的两个分区会被自动挂载到 /media/stu/boot、/media/stu/rootfs 目录。

在终端上通过命令打开 boot 分区中的 config.txt 配置文件。

```
sudo vim /media/stu/boot/config.txt
```

在文件尾部增加以下语句。

```
enable_uart=1
```

保存文件并退出后，反挂载 SD 卡分区。

```
umount /media/stu/boot
umount /media/stu/rootfs
```

最后，将 SD 卡插入树莓派开发板的卡槽。

（4）树莓派的串口连接

根据树莓派的电路原理，通过杜邦线连接 USB 转串口设备。树莓派的电路原理如图 6-12 所示。

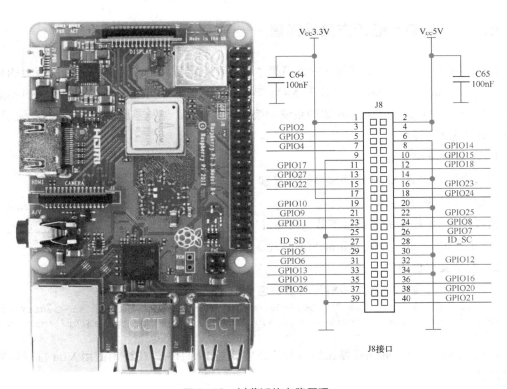

图 6-12　树莓派的电路原理

树莓派开发板与 USB 转串口设备的接线方法如下。

- 树莓派的 GPIO14（TXD）连接 USB 转串口设备的 RXD。
- 树莓派的 GPIO15（RXD）连接 USB 转串口设备的 TXD。
- 树莓派的 GND（9/25/39 脚）连接 USB 转串口设备的 GND。

（5）登录树莓派的 Linux 操作系统

树莓派开发板接通电源并启动后，在 Ubuntu 中打开 minicom 时，minicom 会接收到开发板的调试信息，其输出信息如图 6-13 所示。

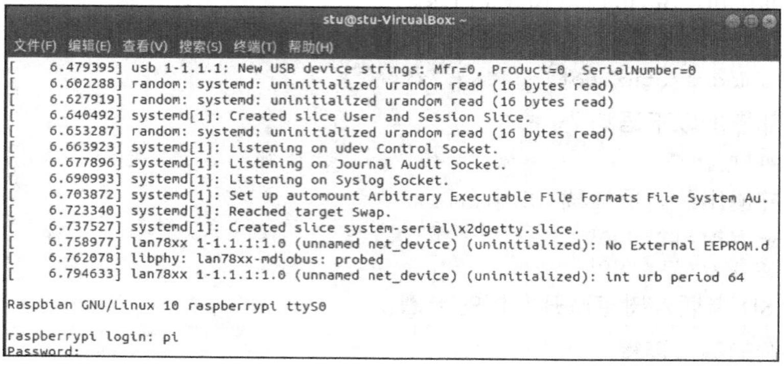

```
                                    stu@stu-VirtualBox: ~
文件(F) 编辑(E) 查看(V) 搜索(S) 终端(T) 帮助(H)
[   6.479395] usb 1-1.1.1: New USB device strings: Mfr=0, Product=0, SerialNumber=0
[   6.602288] random: systemd: uninitialized urandom read (16 bytes read)
[   6.627919] random: systemd: uninitialized urandom read (16 bytes read)
[   6.640492] systemd[1]: Created slice User and Session Slice.
[   6.653287] random: systemd: uninitialized urandom read (16 bytes read)
[   6.663923] systemd[1]: Listening on udev Control Socket.
[   6.677896] systemd[1]: Listening on Journal Audit Socket.
[   6.690993] systemd[1]: Listening on Syslog Socket.
[   6.703872] systemd[1]: Set up automount Arbitrary Executable File Formats File System Au.
[   6.723340] systemd[1]: Reached target Swap.
[   6.737527] systemd[1]: Created slice system-serial\x2dgetty.slice.
[   6.758977] lan78xx 1-1.1.1:1.0 (unnamed net_device) (uninitialized): No External EEPROM.d
[   6.762078] libphy: lan78xx-mdiobus: probed
[   6.794633] lan78xx 1-1.1.1:1.0 (unnamed net_device) (uninitialized): int urb period 64

Raspbian GNU/Linux 10 raspberrypi ttyS0

raspberrypi login: pi
Password:
```

图 6-13　minicom 的输出信息

系统启动后，即可以用户名"pi"、密码"raspberry"登录系统。

6.2.2　安装和配置交叉编译器

通常情况下，开发者是在同一台计算机中编译和执行程序的，因树莓派开发板上的单片系统（System on Chip，SoC）是基于 ARM 架构的，与日常使用的 x86 架构的计算机不同，所以需要通过一种编译器在 x86 架构系统中编译出在 ARM 架构系统中执行的程序，这种编译器叫作交叉编译器。

1. 下载交叉编译器

通过浏览器进入 ARM 官网提供的交叉编译器下载页面，如图 6-14 所示。

通过图 6-14 所示的超链接下载 gcc-arm-8.3-2019.03-x86_64-arm-linux-gnueabihf.tar.xz。

AArch32 target with hard float (arm-linux-gnueabihf)
- gcc-arm-8.3-2019.03-x86_64-arm-linux-gnueabihf.tar.xz
- gcc-arm-8.3-2019.03-x86_64-arm-linux-gnueabihf.tar.xz.asc

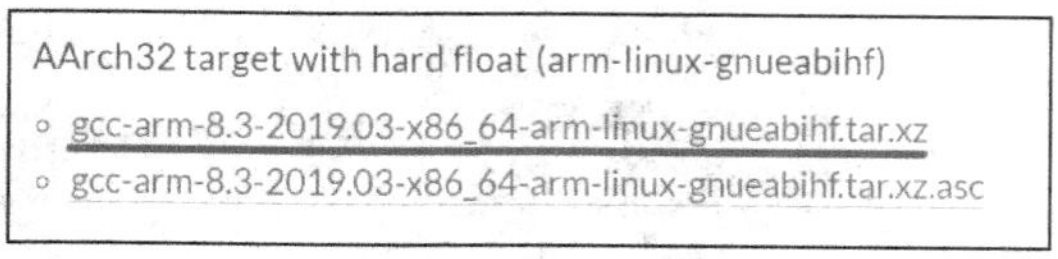

图 6-14　交叉编译器下载页面

2. 配置交叉编译器

下载完成后，通过终端命令解压并重命名目录。

```
sudo tar xf ./gcc-arm-8.3-2019.03-x86_64-arm-linux-gnueabihf.tar.xz -C /usr/local/
sudo mv /usr/local/gcc-arm-8.3-2019.03-x86_64-arm-linux-gnueabihf/ /usr/local/
gcc-arm8.3
```

将交叉编译器所在的路径增加到系统的环境变量 PATH 中，在终端使用 Vim 打开环境变量配置文件。

```
vim /etc/bash.bashrc
```

在文件尾增加以下语句。

```
export PATH=/usr/local/gcc-arm8.3/bin:$PATH
```

保存文件并退出后，环境变量将在注销系统并重新登录后生效。

在环境变量正确配置且生效后，在终端输入"arm"后按两次 Tab 键，会输出图 6-15 所示的交叉编译工具。

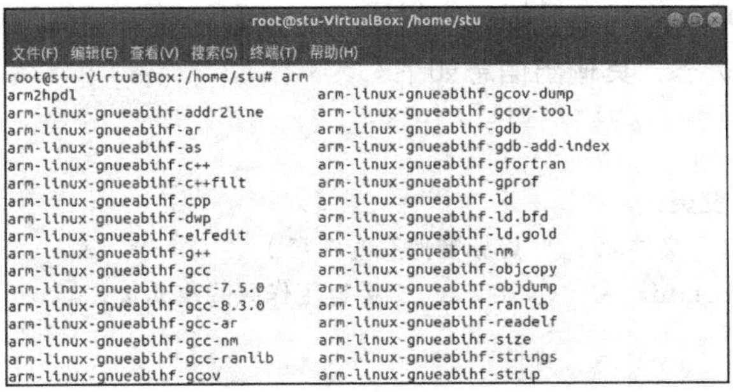

图 6-15　交叉编译工具

6.2.3　使用 Git 管理源码

Git 是一个当前非常流行的、开源的分布式版本控制系统，用于敏捷高效地管理任意项目源码。

1. 创建仓库

什么是仓库？仓库又名版本库，可以简单地将其理解为一个目录，这个目录中的所有文件都可以被 Git 管理。Git 能跟踪每个文件的修改、删除，以便在任何时刻都可以追踪历史，或者在将来某个时刻将文件"还原"。

创建一个仓库非常简单，如在/mygit 目录下新建一个仓库的命令如下。

```
cd /mygit
git init
```

操作完成后，/mygit 目录下会多出一个.git 目录，这个目录被 Git 用于记录、跟踪及管理代码的版本等。

2. 设置用户名及邮箱作为标识

因为 Git 是分布式版本控制系统，用于管理多个开发人员提交的代码，所以每个开发人员都需要设置用户名和邮箱作为标识。

```
git config --global user.name "yourname"
git config --global user.email "yourname@anywhere.com"
```

3. 增加文件到仓库

在/mygit 目录下创建文件 test.c，其内容如下。

```
#include <stdio.h>
int main(void)
{
  printf("111111111111\n");
  return 0;
}
```

通过命令"git add"将 test.c 增加到仓库的暂存区中。

```
git add test.c
```

通过命令"git commit"将文件从暂存区提交到仓库。

```
git commit -m "first"
```

4. 查看仓库文件的状态

在 test.c 文件的 main 函数中增加一行代码"printf("222222222222\n");"，通过命令"git status"查看仓库文件状态，其输出信息如下。

```
root@stu-VirtualBox:/git# git status
位于分支 master
尚未暂存以备提交的变更:
  （使用 "git add <文件>..." 更新要提交的内容）
  （使用 "git checkout -- <文件>..." 丢弃工作区的改动）

修改:       test.c

修改尚未加入提交（使用 "git add" 和/或 "git commit -a"）
```

输出信息提示开发人员 test.c 文件已被修改，尚没有增加到仓库的暂存区或被提交。

5. 查看文件修改内容

可通过命令"git diff test.c"查看文件的修改内容，其输出信息如下。

```
root@stu-VirtualBox:/git# git diff test.c
diff --git a/test.c b/test.c
index 1c0b3bc..5249e62 100644
--- a/test.c
+++ b/test.c
@@ -2,6 +2,7 @@
 int main(void)
 {
   printf("111111111111\n");
+      printf("222222222222\n");
   return 0;
 }
```

带有"+"的语句就是增加的一行代码。确认无误后，可以执行以下命令提交代码到仓库中。

```
git add test.c
git commit -m "second"
```

6. 版本回退

目前为止，对 test.c 已提交两次代码，表示已经修改过两次。可通过命令"git log"查看修改的历史记录，其输出信息如下。

```
root@stu-VirtualBox:/git# git log
commit d5e5042c698d67328b3374915a245807b384a74d (HEAD -> master)
Author: yourname <yourname@anywhere.com>
Date:   Sun Oct 3 14:19:33 2021 +0800

    second

commit d1dba8da2111383930cce5ad267603779ebef32f
Author: yourname <yourname@anywhere.com>
Date:   Sun Oct 3 14:10:47 2021 +0800
```

```
    first
```

通过命令"git reset --hard HEAD~n"可以回退到第 *n* 个版本。例如，回到第 1 个版本：

```
git reset --hard HEAD~1
```

此时，test.c 文件中缺少了"printf("222222222222\n");"这一行代码。

7. 版本恢复

当版本回退后，可通过命令"git rest --hard 版本号"恢复原内容。

可通过命令"git reflog"查看所有的版本号，其输出信息如下。

```
root@stu-VirtualBox:/git# git reflog
d5e5042 (HEAD -> master) HEAD@{0}: commit: second
d1dba8d HEAD@{1}: reset: moving to HEAD~1
926b8fa HEAD@{2}: commit: "second"
d1dba8d HEAD@{3}: commit (initial): first
```

在第 2 次执行"git commit"命令提交代码时，指定的-m 参数值为 second，代码中增加了一行"printf("222222222222\n");"，所以可通过命令"git reset --hard 926b8fa"进行恢复。

8. 复制仓库

可通过命令"git clone"复制仓库。

```
mkdir /mygit2
cd /mygit2
git clone /mygit
```

※6.2.4　U-Boot 移植

U-Boot 是一种嵌入式操作系统中常用的 BootLoader 程序，它主要负责初始化硬件，把 Linux 内核读到内存中并负责引导内核启动。除此之外，它还提供了大量的功能命令。而 U-Boot 通常是由固化在芯片内部的 BIOS 程序启动并执行的。

V6-4　U-boot
移植

1. 下载 U-Boot 源码

U-Boot 对开发人员来说是免费的，它主要靠收取芯片厂商的服务费用而盈利。可在 U-Boot 官网上下载源码包，这里选择下载 u-boot-2021.07-rc4.tar.bz2。下载完成后，将其解压到/usr/local 目录下。

```
tar xf u-boot-2021.07-rc4.tar.bz2 -C /usr/local
```

解压完成后，U-Boot 源码在/usr/local/u-boot-2021.07-rc4/目录下。

2. 配置 U-Boot

U-Boot 支持多种 CPU 架构，因为每种 CPU 架构被很多家芯片厂商使用，每家芯片厂商又生产型号不同的 CPU，所以编译 U-Boot 前，必须指定编译哪种架构、哪家芯片厂商的哪种型号的 CPU，以及编译 U-Boot 的哪些功能。通常，芯片厂商都会提供参考配置文件，文件一般放在 U-Boot 源码的 configs 子目录下。树莓派的配置文件有以下几个。

```
rpi_0_w_defconfig        rpi_3_b_plus_defconfig    rpi_4_defconfig
rpi_2_defconfig          rpi_3_defconfig           rpi_arm64_defconfig
rpi_3_32b_defconfig      rpi_4_32b_defconfig       rpi_defconfig
```

因前文配置的交叉编译器是编译 32 位可执行程序的，所以这里采用 rpi_3_32b_defconfig，通过以下命令指定使用此配置文件并指定使用的架构及交叉编译器。

```
make rpi_3_32b_defconfig ARCH=arm CROSS_COMPILE=arm-linux-gnueabihf-
```

使用指定的配置文件后，如需裁剪 U-Boot 的功能，则可以进入 U-Boot 的配置页面，如图 6-16 所示，在相应的配置项上按 Space 键，设为"[*]"时表示增加编译，设为"[ ]"时表示不编译此功能。执行命令进入 U-Boot 配置页面：

```
make menuconfig ARCH=arm CROSS_COMPILE=arm-linux-gnueabihf-
```

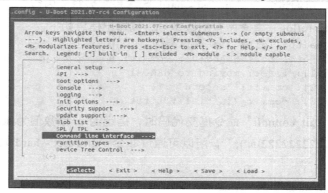

图 6-16　U-Boot 的配置页面

配置完成后，编译 U-Boot。

```
make ARCH=arm CROSS_COMPILE=arm-linux-gnueabihf-
```

成功编译后，在 U-Boot 源码的根目录下会生成 u-boot.bin。

3. 测试使用 U-Boot

将在 6.2.1 节测试树莓派 3B+开发板时已烧录过系统镜像的 SD 卡接入 Ubuntu 后，复制 u-boot.bin 到 SD 卡的 boot 分区中。

```
cp u-boot.bin /media/stu/boot
```

修改 boot 分区中的 config.txt 配置文件。

```
vim /media/stu/boot/config.txt
```

在文件尾部增加以下语句。

```
kernel=u-boot.bin
```

修改完成后，保存文件并退出，反挂载 SD 卡的两个分区。

```
umount /media/stu/boot
umount /media/stu/rootfs
```

将 SD 卡插回开发板后启动，可在 minicom 中查看到 U-Boot 的启动信息，如图 6-17 所示。

```
U-Boot 2021.07-rc4 (Jun 16 2021 - 08:27:22 +0800)

DRAM:  948 MiB
RPI 3 Model B+ (0xa020d3)
MMC:   mmc@7e202000: 0, sdhci@7e300000: 1
Loading Environment from FAT... Unable to read "uboot.env" from mmc0:1... In:    serial
Out:   vidconsole
Err:   vidconsole
Net:   No ethernet found.
starting USB...
Bus usb@7e980000: USB DWC2
scanning bus usb@7e980000 for devices...
Error: lan78xx_eth address not set.
3 USB Device(s) found
       scanning usb for storage devices... 0 Storage Device(s) found
Hit any key to stop autoboot:  0
U-Boot>
```

图 6-17　U-Boot 的启动信息

※6.2.5　Linux 内核裁剪与烧录

开源的 Linux 内核中集成了支持多种 CPU 架构的多家不同芯片厂商的芯片代码，同时集成了多种 I/O 硬件设备驱动代码，所以在内核编译前，需要配置内核指定要编译的 CPU 架构、芯片型号以及使用的设备驱动等。

1．从树莓派官方的源码仓库下载 Linux 内核源码

从树莓派官方的源码仓库通过"git clone"命令下载 Linux 5.10 的内核源码。

```
git clone -b rpi-5.10.y https://github.com/raspberrypi/linux.git
```

2．配置内核

配置内核时，可以选择使用内核自带的配置文件，也可以选择使用当前系统中的配置。

（1）使用内核自带的配置文件

Linux 内核集成的功能十分强大，支持非常多型号的微处理器芯片。芯片厂商提供的配置文件按架构划分存放，如树莓派芯片在配置文件的内核源码的 arch/arm/configs 子目录下。

```
bcm2709_defconfig bcm2711_defconfig bcm2835_defconfig bcmrpi_defconfig
```

树莓派 3B+ 的芯片型号为 bcm2837，可以选择使用相近的 bcm2835_defconfig。

```
make bcm2835_defconfig ARCH=arm CROSS_COMPILE=arm-linux-gnueabihf-
```

（2）使用当前系统中的配置文件

因 Linux 操作系统集成功能的强大，源码十分复杂，配置起来并不容易，所以可以采用现已正常工作的系统的配置信息。

将前文已烧录系统镜像的 SD 卡接入 Ubuntu 后，修改 boot 分区中的 config.txt，删除语句"kernel=u-boot.bin"。将 SD 卡重新接入开发板后启动系统，通过 minicom 登录板上系统，操作板上的 Linux 操作系统。

系统加载导出配置信息的驱动模块，命令如下。

```
sudo modprobe configs
```

导出生成配置文件 configOrg，命令如下。

```
zcat /proc/config.gz > /configOrg
```

导出完成后，把 SD 卡重新接入 Ubuntu，并从 SD 卡的 rootfs 分区中复制 configOrg 到下载的 Linux 内核源码的根目录下，在 Ubuntu 中的 Linux 源码目录下进行如下操作。

```
cp /media/stu/rootfs/configOrg .config
```

3．裁剪内核

在现有配置的基础上，可进一步裁剪内核的功能。进入 Linux 内核配置页面，如图 6-18 所示，在相应的配置项上按 Space 键，设为"[*]"时表示增加编译，系统启动后将自动加载此项配置的代码；设为"[m]"时表示将此项配置编译成独立模块，使用时才加载；设为"[ ]"时表示不编译。执行命令进入内核的配置页面：

```
make menuconfig ARCH=arm CROSS_COMPILE=arm-linux-gnueabihf-
```

4．内核编译及烧录

配置完成后，编译内核源码。

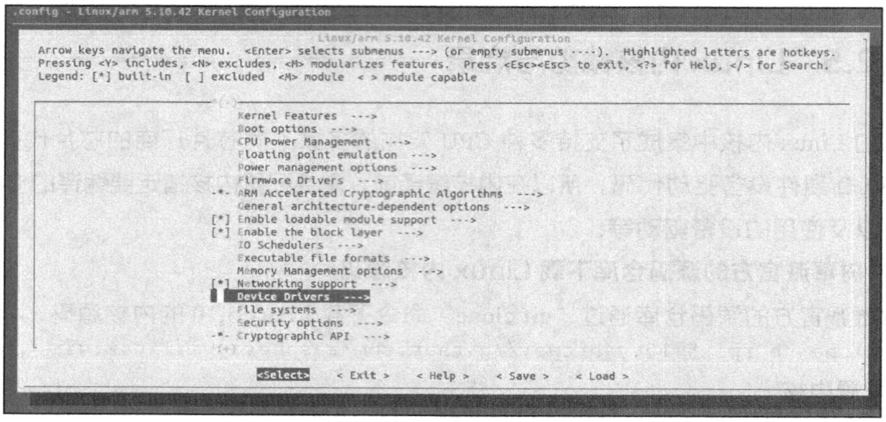

图 6-18　Linux 内核配置页面

```
make ARCH=arm CROSS_COMPILE=arm-linux-gnueabihf-
```

编译结束后，生成的内核镜像就是 arch/arm/boot/zImage 文件，将其复制到 SD 卡的 boot
分区中，并重命名为 newkernel.img。

```
cp arch/arm/boot/zImage /media/stu/boot/newkernel.img
```

修改 boot 分区中的 config.txt，设置其使用新内核镜像，在文件末尾增加以下语句。

```
kernel=newkernel.img
```

修改完成后，反挂载 SD 卡，将其重新接入开发板并启动，即可查看到新内核镜像的输
出信息，如图 6-19 所示。

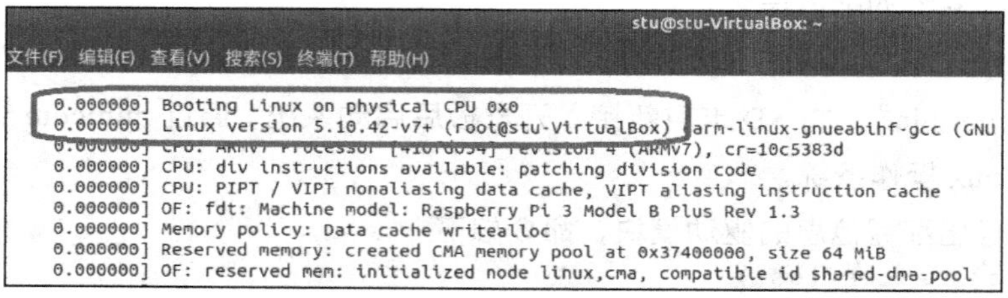

图 6-19　新内核镜像的输出信息

※6.3　项目实施

OpenWrt 是路由器设备上流行的操作系统，OpenWrt 基于 Linux 内核，集成了文件系统
及各种网络工具，构建了完整的应用系统框架。本项目主要实现移植 OpenWrt 到树莓派开发
板中，使树莓派开发板以一个路由器的角色工作，即在后期的物联网项目中用作网关设备，
负责物联网设备间的网络通信。

6.3.1　OpenWrt 编译配置

因为 OpenWrt 的核心是 Linux 内核，所以 OpenWrt 的编译配置方法可以参考 Linux 内核
的编译配置方法。

步骤 1　下载 OpenWrt 源码

OpenWrt 是一个开源的操作系统，可从其官方的源
码仓库中直接下载系统源码，执行以下命令。

V6-5　OpenWrt
编译配置 1　　V6-6　OpenWrt
编译配置 2

```
git  clone  https://git.openwrt.org/openwrt/
openwrt.git/
```

因 OpenWrt 集成了很多第三方的工具命令及功能库，
需要在编译过程中下载大量的源码包，且下载时采用了单线程下载的方式，导致编译过程耗
时过长，所以可以使用已集成所有需下载的源码包的 OpenWrt 源码包。

下载完成后，需要额外下载 OpenWrt 的 feeds 套件，它提供了路由器的配置网页等功能。

在 OpenWrt 源码根目录下使用终端执行命令，下载并安装 feeds 套件。

```
sudo ./scripts/feeds update -a
sudo ./scripts/feeds install -a
```

步骤 2　配置 OpenWrt

就像配置 Linux 内核一样，通过终端进入 OpenWrt 源码根目录后，通过执行"make
menuconfig"命令，进入 OpenWrt 配置主页面，如图 6-20 所示。

图 6-20　OpenWrt 配置主页面

（1）配置芯片型号

这里使用的树莓派 3B+芯片型号为 BCM2837，在图 6-21 所示页面中，可设置"Target
System"为"Broadcom BCM27xx"；设置"Subtarget"为"BCM2709/BCM2710/BCM2711 boards
(32 bit)"；"Target Profile"无须改动，已默认选择将当前系统编译为可在树莓派 2B、3B、
3B+、4B 等版本的开发板中执行的系统。

图 6-21　芯片型号选择页面

（2）选择打包 Linux 内核独立的驱动模块

因 Linux 内核中包含大量的驱动模块，手动逐一加载这些驱动模块较为麻烦，所以可以选择把内核中的所有驱动模块与系统镜像编译成一个整体，在系统启动时自动加载驱动模块。此功能可通过在图 6-20 所示页面中选择"Global build settings"→"Select all target specific packages by default"选项来实现，如图 6-22 所示。

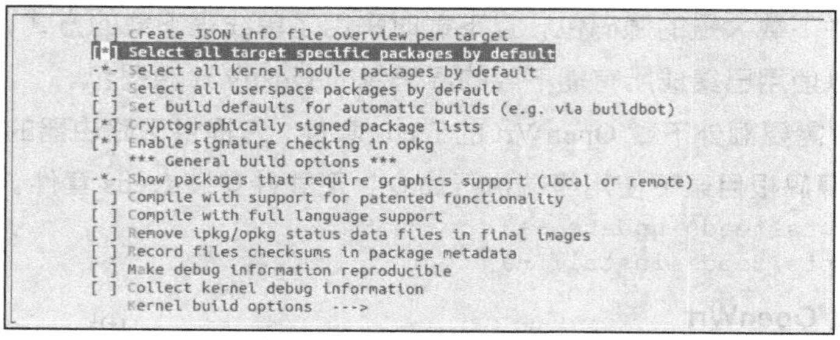

图 6-22　选择打包 Linux 内核独立的驱动模块

（3）增加 Wi-Fi 工具

在 Linux 和 OpenWrt 中，要通过 Wi-Fi 工具才可以使设备连接 Wi-Fi，所以需要使 OpenWrt 编译集成 Wi-Fi 操作的工具。增加 Wi-Fi 工具时，可在 OpenWrt 配置主页面中选择"Base system"→"wireless-tools"选项，如图 6-23 所示。

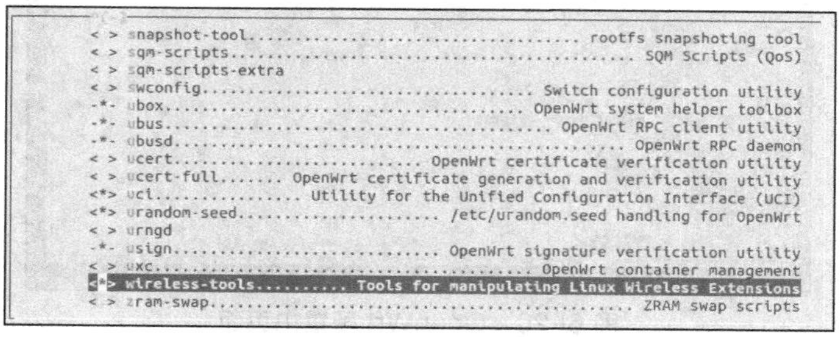

图 6-23　增加 Wi-Fi 工具

（4）设置使用 OpenSSL 加密库

OpenSSL 是一种网络通信中常用的加密库。设置使用 OpenSSL 加密库时，可在 OpenWrt 配置主页面中选择"LuCI"→"1. Collections"→"luci-ssl-openssl"选项，如图 6-24 所示。

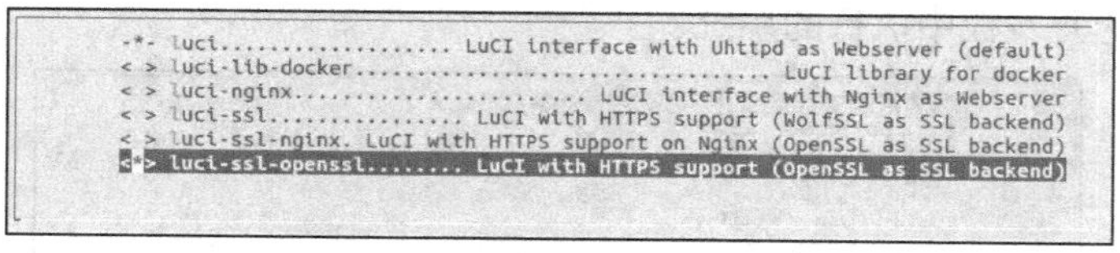

图 6-24　设置使用 OpenSSL 加密库

（5）设置路由器的配置网页使用中文

设置路由器的配置网页使用中文时，可在 OpenWrt 配置主页面中选择"LuCI"→"2. Modules"→"Translations"→"Chinese Simplified (zh_Hans)"选项，如图 6-25 所示。

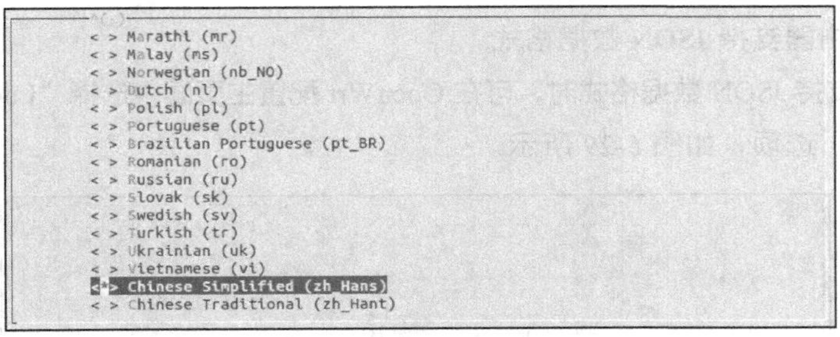

图 6-25　设置路由器的配置网页使用中文

（6）增加 Samba 共享目录功能

Samba 可使开发板与计算机通过网络共享目录。增加 Samba 共享目录功能时，可在 OpenWrt 配置主页面中选择"LuCI"→"3. Applications"→"luci-app-samba4" "luci-app-transmission" "luci-app-uhttpd"等选项，如图 6-26 所示。

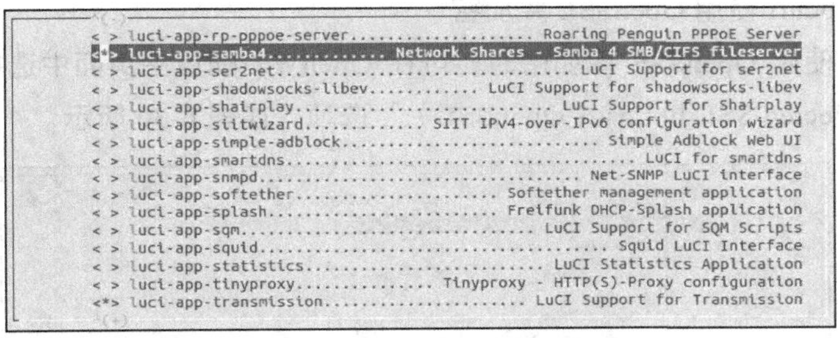

图 6-26　增加 Samba 共享目录功能

（7）选择路由器配置网页的主题风格

选择路由器配置网页的主题风格时，可在 OpenWrt 配置主页面中选择"LuCI"→"4. Themes"→"luci-theme-openwrt"选项，如图 6-27 所示。

图 6-27　选择路由器配置网页的主题风格

（8）设置路由器支持 IPv4 地址

设置路由器支持 IPv4 地址时，可在 OpenWrt 配置主页面中选择"LuCI"→"5. Protocols"→"luci-proto-ipip"选项，如图 6-28 所示。

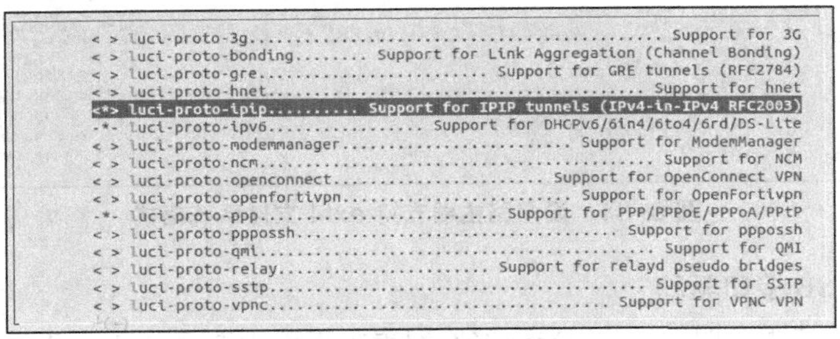

图 6-28　设置路由器支持 IPv4 地址

173

（9）设置路由器支持 JSON 数据格式

设置路由器支持 JSON 数据格式时，可在 OpenWrt 配置主页面中选择"LuCI"→"Libraries"→"luci-lib-json"选项，如图 6-29 所示。

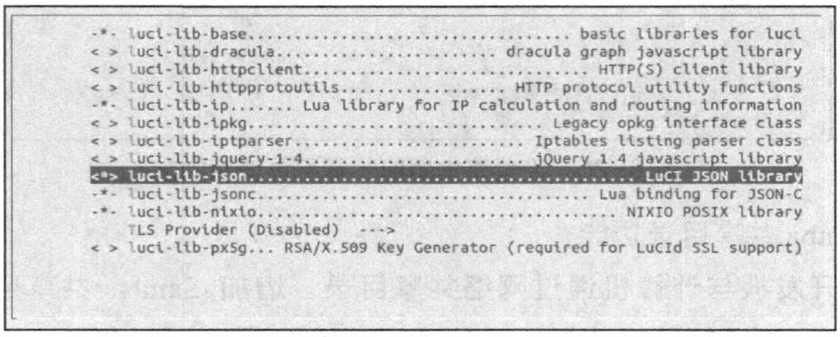

图 6-29　设置路由器支持 JSON 数据格式

（10）设置 libcurl 使用 OpenSSL 库加密

设置 libcurl 使用 OpenSSL 库加密时，可在 OpenWrt 配置主页面中选择"Libraries"→"libcurl"→"Selected SSL library（OpenSSL）"选项，如图 6-30 所示。

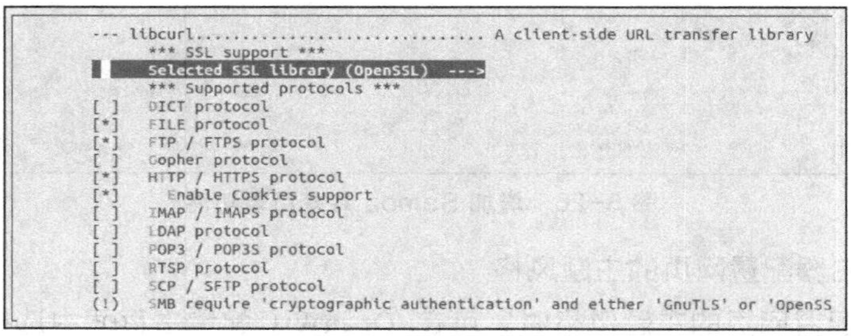

图 6-30　设置 libcurl 使用 OpenSSL 库加密

（11）设置路由器支持 ext4 文件系统格式

设置路由器支持 ext4 文件系统格式时，可在 OpenWrt 配置主页面中选择"Kernel modules"→"Filesystems"→"kmod-fs-ext4"选项，如图 6-31 所示。

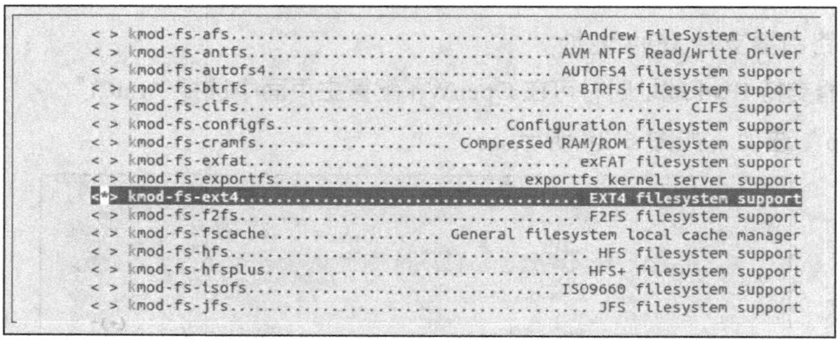

图 6-31　设置路由器支持 ext4 文件系统格式

（12）增加 USB 接口驱动

增加 USB 接口驱动时，可在 OpenWrt 配置主页面中选择"Kernel modules"→"USB

Support" → "kmod-usb-ohci" "kmod-usb-uhci" "kmod-usb2" "kmod-usb-storage-extras" 选项，如图 6-32 所示。

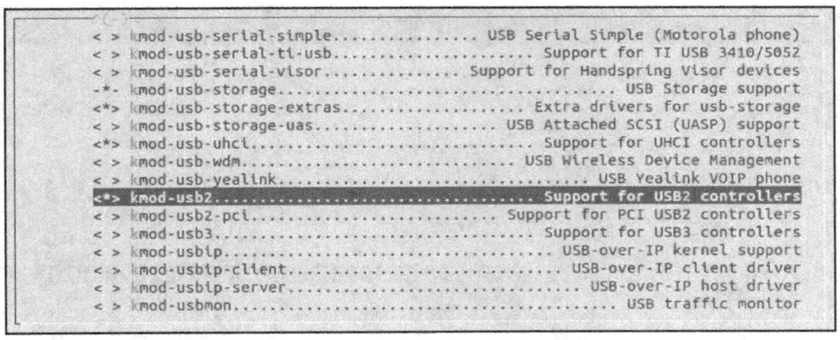

图 6-32　增加 USB 接口驱动

（13）配置 SSH 服务器

配置 SSH 服务器可实现通过网络登录开发板功能。配置 SSH 服务器时，可在 OpenWrt 配置主页面中选择"Network" → "SSH" → "openssh-server" "openssh-sftp-server" 选项，如图 6-33 所示。

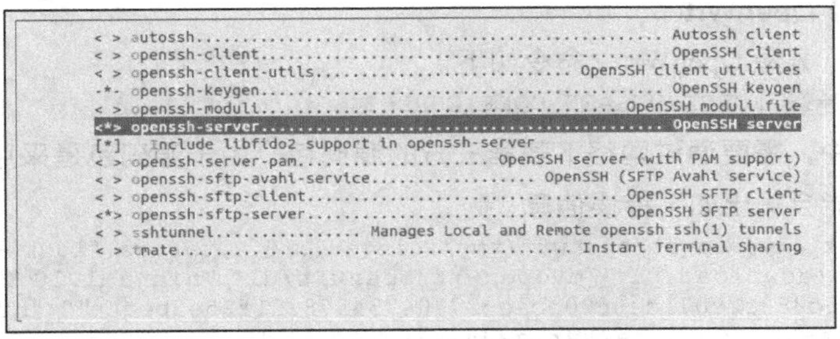

图 6-33　配置 SSH 服务器

（14）增加路由器工具

hostapd 服务可提供动态分配 IP 地址功能，wpa-supplicant 可提供 Wi-Fi 加密连接功能。增加这些路由器工具时，可在 OpenWrt 配置主页面中选择"Network" → "WirelessAPD" → "hostapd" "wpa-supplicant" 选项，如图 6-34 所示。

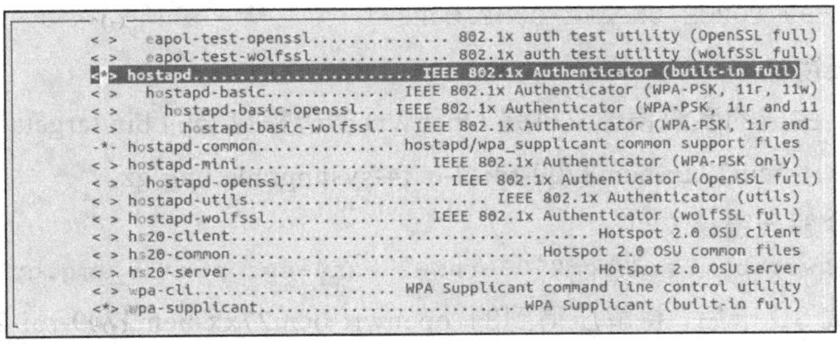

图 6-34　增加路由器工具

（15）去除 wolfSSL 库的使用

因为 wolfSSL 库与 OpenSSL 库只能二选一，前文已选择使用 OpenSSL 库，所以需要去

除 wolfSSL 库的使用。去除 wolfSSL 库的使用时，可在 OpenWrt 配置主页面中取消选中
"Libraries" → "libustream-wolfssl"，如图 6-35 所示。

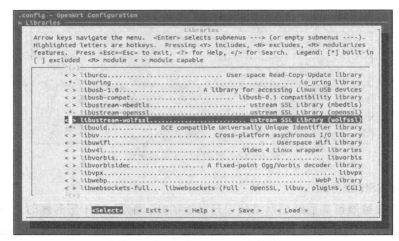

图 6-35　去除 wolfSSL 库的使用

步骤 3　编译 OpenWrt

配置完成后，编译 OpenWrt，命令如下。

```
sudo make V=99 FORCE_UNSAFE_CONFIGURE=1
```

在编译过程中，需要通过网络下载第三方的源码包，由于源码包是采用单线程从国外网
站上下载的，可能会输出如下错误信息。

```
SHELL= flock /myopenwrt/openwrt/tmp/.ninja-1.10.2.tar.gz.flock -c ' /myopenwrt/
openwrt/scripts/download.pl "/myopenwrt/openwrt/dl" "ninja-1.10.2.tar.gz" "ce358
65411f0490368a8fc383f29071de6690cbadc27704734978221f25e2bed" "" "https://codeload.
github.com/ninja-build/ninja/tar.gz/v1.10.2?"     '
+ curl -f --connect-timeout 20 --retry 5 --location --insecure https://codeload.
github.com/ninja-build/ninja/tar.gz/v1.10.2?/ninja-1.10.2.tar.gz
```

可以从错误信息中复制下载链接，在浏览器中将相应页面打开并下载源码包，大部分浏
览器提供多线程的、支持断点续传的下载功能，这样下载速度较快且不容易发生错误。

将下载下来的源码包复制到 OpenWrt 源码根目录的 dl 子目录下，执行如下命令继续进行
编译。

```
sudo make V=99 FORCE_UNSAFE_CONFIGURE=1
```

步骤 4　烧录镜像

编译完成后，生成的系统镜像文件是 OpenWrt 源码根目录的 bin/targets/bcm27xx/bcm2709
子目录下的 openwrt-bcm27xx-bcm2709-rpi-2-ext4-sysupgrade.img.gz。

使用以下命令解压镜像文件。

```
gzip -d openwrt-bcm27xx-bcm2709-rpi-2-ext4-sysupgrade.img.gz
```

插入并反挂载 SD 卡后，将解压得到的 openwrt-bcm27xx-bcm2709-rpi-2-ext4-sysupgrade.
img 烧录进去，操作命令如下。

```
umount /media/stu/boot/
umount /media/stu/rootfs
sudo dd if=./openwrt-bcm27xx-bcm2709-rpi-2-ext4-sysupgrade.img of=/dev/sdb bs=1M
```

将烧录好系统的 SD 卡插回开发板并启动，等成功进入系统后在 minicom 上按 Enter 键即可，OpenWrt 登录信息如图 6-36 所示。

图 6-36　OpenWrt 登录信息

6.3.2　OpenWrt 系统配置

编译好的 OpenWrt 系统启动后，默认不会启用 Wi-Fi、SSH 服务等功能，要想使用这些功能，需要在 OpenWrt 系统中完成以下配置。

V6-7　OpenWrt
系统配置

步骤 1　设置无线网络

通过有线网络连接计算机与开发板后，在浏览器的地址栏中访问 IP 地址"192.168.1.1"，进入 OpenWrt 登录页面，如图 6-37 所示。

图 6-37　OpenWrt 登录页面

因尚未设置密码，故可直接单击"登录"按钮进入系统。在图 6-38 所示页面中设置登录密码。

图 6-38　设置登录密码

启用 Wi-Fi 功能，如图 6-39 所示。

图 6-39　启用 Wi-Fi 功能

单击"启用"按钮，即会提供一个没有密码、名为 OpenWrt 的 Wi-Fi 热点。单击图 6-39
中的"编辑"按钮，可进入 Wi-Fi 配置页面，在此页面中可进行相关配置。

步骤 2　设置 SSH 登录

在图 6-40 所示 SSH 访问设置页面中设置 Dropbear 实例的接口、端口等。

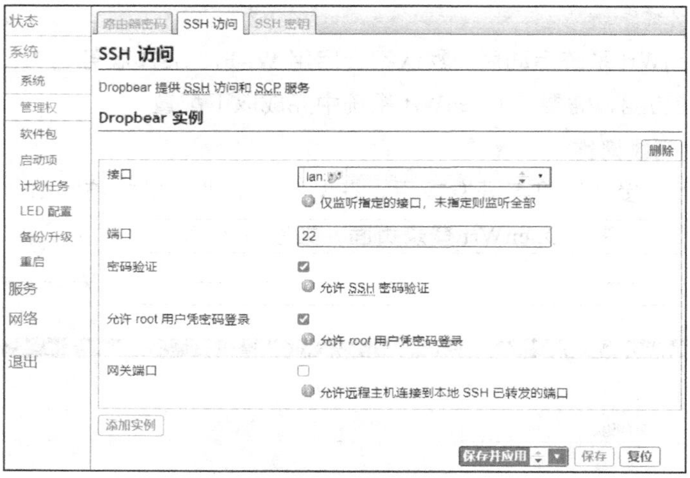

图 6-40　SSH 访问设置页面

设置完成后，需要通过 minicom 进入开发板的 OpenWrt，通过命令"sudo passwd root"
设置密码，此密码就是 SSH 登录时的 root 用户的访问密码。

确认计算机与开发板连通后，在 Linux 操作系统中执行"sudo ssh 192.168.1.1"命令并正
确输入密码后，即可通过 SSH 登录开发板。SSH 登录信息如图 6-41 所示。

图 6-41　SSH 登录信息

在 Windows 操作系统中可下载使用开源的 PuTTY，使用 SSH 登录开发板。在 PuTTY 配置页面中，设置"Host Name"为"192.168.1.1"，"Port"为"22"，"Connection type"为"SSH"，如图 6-42 所示。设置完成后，单击"Open"按钮，连接服务。

通过 root 用户及密码登录，正确登录的输出信息如图 6-43 所示。

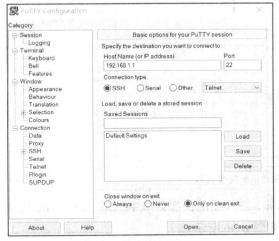

图 6-42　PuTTY 配置页面

图 6-43　正确登录的输出信息

步骤 3　设置 OpenWrt 共享目录

为了便于通过网络使计算机与开发板间共享文件，可配置开发板的 Samba 共享服务，使计算机中的 Windows 操作系统和 Linux 操作系统可以像访问本地目录一样访问开发板中的目录。

通过网络进入 OpenWrt 配置页面，选择"服务"→"网络共享"选项，进入 Samba 设置页面，如图 6-44 所示。

图 6-44　Samba 设置页面

指定 Samba 通过的网络接口后，在"共享目录"选项组中，"名称"为查看到的共享目录名，"路径"为开发板中系统的共享目录所在的路径，选中"强制 Root"和"允许匿名用户"复选框，并单击"保存并应用"按钮。

在 Linux 操作系统中，打开文件浏览器后，在如图 6-45 所示页面的底部文本框中输入"smb://192.168.1.1/"，单击"连接"按钮即可打开共享目录。

图 6-45 访问 Samba 共享目录

在 Windows 操作系统中，右击"网络"图标，在弹出的快捷菜单中选择"映射网络驱动器"选项，弹出"映射网络驱动器"对话框，如图 6-46 所示。

图 6-46 "映射网络驱动器"对话框

在"映射网络驱动器"对话框中，可通过单击"浏览"按钮查看当前网络中所有的可访问的共享目录。按图 6-46 设置好后，单击"完成"按钮，即可打开共享目录。

【知识总结】

1．嵌入式操作系统是以应用为中心，以计算机技术为基础，能够根据用户需求（功能、可靠性、成本、体积、功耗、环境等）灵活裁剪软、硬件模块的专用计算机系统。

2．嵌入式操作系统主要分为硬件层、硬件抽象层（板级支持包层）、系统软件层及应用软件层。

3．交叉编译器可在 x86 架构系统中编译出在 ARM 架构系统中执行的程序。

4．Git 是一个项目源码版本管理工具，可敏捷高效地处理任意项目源码。

5．U-Boot 是一种嵌入式操作系统中常用的 BootLoader 程序，它主要负责初始化硬件，将 Linux 内核读到内存中并负责引导内核启动。除此之外，它还提供了大量的功能命令。

6．在 Linux 内核编译前，需要配置内核指定要编译的 CPU 架构、芯片型号以及使用的设备驱动等。

7．OpenWrt 是基于 Linux 内核，集成了文件系统及各种网络工具，用于构建完整的应用系统框架的、路由器设备上流行的操作系统。

【知识巩固】

一、选择题

1．SSH 服务所用的端口号为（　　　）。

A．21　　　　　　　B．22　　　　　　　C．80　　　　　　　D．以上都不是

2．使用 Git 下载源码的命令是（　　　）。

A．git add　　　　B．git config　　　　C．git clone　　　　D．git commit

3．以下属于 BootLoader 的是（　　　）。

A．minicom　　　　B．Linux 内核　　　　C．OpenWrt　　　　D．U-Boot

4．能够提供 SSH 登录服务的软件是（　　　）。

A．minicom　　　　B．PuTTY　　　　C．U-Boot　　　　D．以上都不是

二、填空题

1．嵌入式操作系统是以_____，_____，_____的专用计算机系统。

2．嵌入式操作系统的 4 个层分别是_____、_____、_____、和_____。

3．嵌入式操作系统在发展过程中经历的 4 个阶段是_____、_____、_____和_____。

三、简答题

1．根据嵌入式操作系统的定义，请举例说明嵌入式操作系统在哪些消费电子产品上出现过。

2．嵌入式操作系统主要分为 4 层，请分别说明每层的作用。

3．请说明 USB 转串口设备与 minicom 的关系。

【拓展任务】

参考 6.2.5 节的方法，尝试移植较新的 Linux 内核到树莓派开发板上。

第7章
嵌入式Linux应用开发实战

07

【知识目标】

1. 学习嵌入式 Linux 应用开发技术。
2. 了解 Linux 操作系统编程基础。
3. 了解嵌入式 Linux 开发技术。

【技能目标】

1. 掌握 Linux 的 VFS 编程。
2. 掌握 Linux 的多线程编程。
3. 掌握 Linux 的网络编程。
4. 掌握 Linux 的 GPIO 和 I2C 编程。

【素养目标】

1. 培养良好的思想政治素质和职业道德。
2. 培养爱岗敬业、吃苦耐劳的品质。
3. 培养热爱学习、学以致用的作风。

【项目概述】

在运行 Linux 操作系统的物联网终端中，存在大量的传感器用于提供各种物理数据，这些数据由多个线程并发收集及处理后，通过网络传输至服务器或用户设备上。本章基于树莓派开发板和 OpenWrt 系统，实现通过多个不同位置的物联网终端，侦测当前环境的温度、湿度、可燃气体的浓度等的数据，当数据异常时，发出警报声并通过网络广播实时告警功能。

【思维导图】

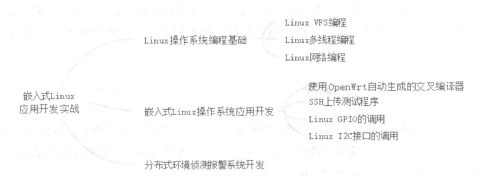

【知识准备】

早期的嵌入式系统大多没有使用操作系统，它们基本上是为某个特定功能设计的，使用一个简单的循环控制对外界的请求进行处理，完全不具备现代操作系统多任务的基本功能。但随着嵌入式系统应用范围越来越广泛，系统的适用性越来越复杂，操作系统的缺失导致系统开发效率低下及无法充分利用软、硬件资源等问题。随着处理器的微型化及运算能力的提升，操作系统已发展成为嵌入式系统中重要的组成部分。操作系统除统一管理软、硬件资源外，还通过进程调度算法实现多任务的并发执行；通过内存管理实现充分使用内存资源及虚拟内存技术限制每个任务的内存地址访问；通过文件系统功能将 FAT32、NTFS、ext4 等多种文件系统格式抽象成统一标准的访问接口；通过网络协议栈实现遵循 TCP/IP 标准的网络通信。

随着嵌入式技术的发展，出现了各种各样的嵌入式操作系统，以 Linux 为基础的嵌入式 Linux 操作系统就是其中的佼佼者。嵌入式 Linux 是在桌面 Linux 操作系统基础上进行裁剪修改，能在嵌入式设备上运行的操作系统。嵌入式 Linux 开放源码，可自由裁剪移植于各种嵌入式平台，其内核是 Linux 操作系统的核心部分，Linux 内核主要负责提供进程管理、内存管理、文件系统、设备驱动和网络协议栈等功能模块，如图 7-1 所示。

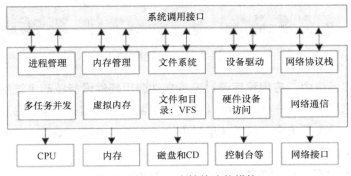

图 7-1　Linux 内核的功能模块

7.1 Linux 操作系统编程基础

Linux 操作系统功能强大，提供了 200 多个系统编程函数接口，其中，虚拟文件系统（Virtual File System，VFS）编程、多线程编程及网络编程是 Linux 操作系统开发中常用的基础技术。

7.1.1 Linux VFS 编程

Linux 提供各种各样强大的系统功能，为提高系统的应用开发效率、屏蔽底层各种内核功能接口的差异，统一了标准的系统调用接口。这个接口就是 VFS 编程接口，如图 7-2 所示，不管是通过设备文件访问硬件设备，还是通过网络协议栈访问网络设备，与操作硬盘分区中的文本文件一样，使用同一套系统调用接口即可实现。这就是 Linux 中"一切皆文件"说法的由来，掌握 VFS 编程接口即可调用系统的各种功能。

V7-1　Linux VFS 编程 1

V7-2　Linux VFS 编程 2

V7-3　Linux VFS 编程 3

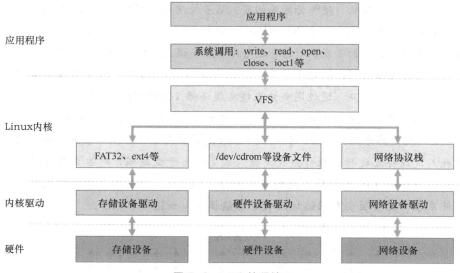

图 7-2　VFS 编程接口

在 Linux 操作系统中，应用程序通过设备文件调用硬件设备驱动来访问硬件设备。设备文件与普通文件的用法完全一样，都可以通过 VFS 编程接口打开、读、写及关闭等。VFS 编程接口功能复杂，但大多场合下只需使用其中的 5 个基本函数：read、write、open、close 和 ioctl，它们的基本功能如下。

① read：从与打开文件相关联的驱动中读出数据。

② write：将数据提交到与打开文件相关联的驱动。

③ open：打开文件或打开设备文件。

④ close：关闭文件或设备文件。

⑤ ioctl：打开设备文件时，ioctl 可从相关联的内核驱动中获取硬件的工作状态；ioctl 也可以将应用程序的设置参数提交到内核驱动，内核驱动再根据参数设置硬件的工作状态。

1. 文件描述符

在 Linux 操作系统中，每个执行状态中的程序叫作进程，每个进程中用唯一的文件描述符来标识已打开的文件和设备文件，对文件和设备文件的所有操作，如读、写等，均通过文件描述符实现。文件描述符是一个非负的整数，在进程启动时，系统就为进程分配了 3 个文件描述符。

① 0：标准输入，可通过读取文件描述符 0 接收用户的键盘输入。

② 1：标准输出，可通过写文件描述符 1 在终端输出信息。

③ 2：标准错误输出，可通过写文件描述符 2 在终端输出错误信息。

因此，新打开文件的文件描述符应是 3。文件描述符是进程的可重复使用的有限资源，每个进程默认只能有 1024 个文件描述符，所以在操作完成后应关闭不再使用的文件描述符，否则过多的文件描述符会导致进程因出现异常而退出。

2. read 函数

在 Linux 操作系统终端上通过命令"man 2 read"查看函数 read 的帮助手册，其函数原型如下。

```
#include <unistd.h>
ssize_t read(int fd, void *buf, size_t count);
```

系统调用函数 read 的作用：从与处理文件描述符 fd 相关联的文件驱动中读出 count 个字节的数据，并将其存放在 buf 指向的缓冲区中。函数返回值为成功读出的字节数，返回值有可能会小于 count。如果返回值为 0，则表示读出数据大小为 0 个字节，已读取到文件尾；如返回值为−1，则表示读操作出错。

以下程序 test_read.c 用于实现通过标准输入接收用户的键盘输入，并在终端进行信息输出。

```
#include <stdio.h>
#include <unistd.h>

int main(void)
{
char buf[100];
int ret;

//通过标准输入接收用户的键盘输入
ret = read(0, buf, sizeof(buf));
if (-1 == ret) {
    printf("read error\n");
    return 1;
}

//输出接收的信息
```

```
buf[ret] = '\0'; //因字符串以"\0"结尾，这里将输入内容的最后一个字符设为"\0"
printf("输入的内容: %s\n", buf);
return 0;
}
```

在终端编译执行此程序，输出信息如下。

```
stu@stu-VirtualBox:~/sixSection$ gcc test_read.c
stu@stu-VirtualBox:~/sixSection$ ./a.out
hello world!!
```

输出的内容：hello world!!

3. write 函数

在 Linux 操作系统终端上可通过命令"man 2 write"查看 write 函数的帮助手册，其函数原型如下。

```
#include <unistd.h>
ssize_t write(int fd, const void *buf, size_t count);
```

系统调用函数 write 的作用：向与处理文件描述符 fd 相关联的文件驱动写入 buf 指向的缓冲区中存放的 count 个字节的数据。函数返回值为成功写入的字节数，返回值有可能会小于 count。如果返回值为 0，则表示写入数据大小为 0 个字节，可能是由于没有空间存放更多的数据；如果返回值为−1，则表示写操作出错。

以下程序 test_write.c 用于实现通过标准输入接收用户的键盘输入，并通过标准输出输出信息。

```
#include <stdio.h>
#include <unistd.h>

int main(void)
{
char buf[100];
int ret;

//通过标准输入接收用户的键盘输入
ret = read(0, buf, sizeof(buf));
if (-1 == ret) {
    write(2, "read error", 10);
    return 1;
}

write(1, "buf: ", 5); //通过标准输出输出信息
write(1, buf, ret);    //通过标准输出输出信息
return 0;
}
```

在终端编译执行此程序，输出信息如下。

```
stu@stu-VirtualBox:~/sixSection$ gcc test_write.c
stu@stu-VirtualBox:~/sixSection$ ./a.out
writing test
buf: writing test
```

4. open 函数

为了操作一个文件，必须先通过 open 函数将其打开后，得到一个文件描述符。在 Linux 操作系统终端上通过命令"man 2 open"查看 open 函数的帮助手册，其函数原型如下。

```
#include <fcntl.h>
int open(const char *pathname, int flags);
```

概括来说，open 函数建立了从文件到内核相关驱动的访问路径。如果函数执行成功，则得到一个可以让 read、write 及其他系统调用函数使用的文件描述符。文件描述符是属于进程的资源，它不可以与其他进程共享访问，且在进程内部文件描述符是唯一的。在同一进程中可以多次打开同一个文件，每次打开会得到不同的文件描述符，每个文件描述符都会单独记录对文件的读或写位置。每次读或写操作后，文件描述符对文件的读或写位置自动偏移成功读或写的字节数。

函数参数 pathname 为要打开的、带路径的文件名，参数 flags 用于指定打开文件时的文件访问模式。参数 flags 是通过必需的文件访问模式及其他可选模式相结合而成的，open 函数被调用时，flags 必须包含以下 3 种文件访问模式中的一种。

① O_RDONLY：以只读方式打开文件，只能读，不能写。

② O_WRONLY：以只写方式打开文件，只能写，不能读。

③ O_RDWR：以读写方式打开文件，可读可写。

常用的可选模式如下。

① O_APPEND：以追加方式打开文件，在文件末尾增加内容。

② O_TRUNC：以清空内容的方式打开文件。

③ O_CREAT：当打开的文件不存在时，创建文件。

当在文件末尾追加内容时，flags 参数可为 O_WRONLY|O_CREAT。

当打开文件并清空原内容时，flags 参数可为 O_WRONLY|O_TRUNC。

当打开的文件不存在时自动创建，当打开的文件存在时清空原内容，flags 参数可为 O_WRONLY|O_TRUNC|O_CREAT。

5. close 函数

因文件描述符是进程的有限资源，当文件操作完成后，应通过 close 函数断开文件描述符与其相关联文件之间的联系，使文件描述符能够被释放并重新使用。在 Linux 操作系统终端上通过命令"man 2 close"查看 close 函数的帮助手册，其函数原型如下。

```
#include <unistd.h>
int close(int fd);
```

函数参数 fd 为要释放的文件描述符。函数执行成功则返回 0，执行不成功则返回−1。

6. ioctl 函数

在 Linux 操作系统中，为了便于应用程序访问，硬件设备驱动会产生相应的设备文件。设备文件通常在/dev 目录下，如硬盘驱动产生的设备文件为/dev/sda，光驱驱动产生的设备文件为/dev/cdrom。设备文件的作用：当应用程序打开设备文件时，系统根据设备文件的设备号找到相应的硬件设备驱动，并为它们建立联系，使应用程序通过设备驱动调用硬件功能。因简单的 read 或 write 函数无法实现硬件设备功能状态的多样性，所以系统提供了 ioctl 函数。

ioctl 函数可将应用程序设置的硬件工作参数提交到设备驱动，再由设备驱动根据参数设置硬件的工作状态；同样，应用程序可调用 ioctl 函数以通过设备驱动获取硬件的工作状态。由此，ioctl 函数的功能为 input（获取状态）、output（输出设置参数）、control（控制），而非简单地理解为芯片的 I/O 口控制。

在 Linux 操作系统终端上通过命令"man 2 ioctl"查看 ioctl 函数的帮助手册，其函数原型如下。

```
#include <sys/ioctl.h>
int ioctl(int fd, unsigned long request, ...);
```

函数参数 fd 为打开设备文件得到的文件描述符；参数 request 为应用程序请求设备驱动的操作，此参数对不同的设备驱动有着不同的参数值，常用的 request 参数可通过命令"man 2 ioctl_list"进行查看。根据不同的 request 参数，可能会用到可选的第三个参数。函数执行成功返回 0，执行不成功返回−1。

例如，在 Linux 操作系统中，接收键盘输入的终端设备文件为/dev/console，test_kd.c 程序通过 ioctl 控制键盘大小写键灯的亮灭，其代码如下。

```c
#include <stdio.h>
#include <fcntl.h>
#include <unistd.h>
#include <linux/kd.h>
#include <sys/ioctl.h>

int main(int argc, char** argv)
{
  int fd = open("/dev/console", O_RDWR); //打开设备文件
  if (-1 == fd) { //打开失败，输出相应的错误信息
perror("open");
return 1;
  }
  if (-1 == ioctl(fd, KDSETLED, LED_CAP)) { //控制键盘大小写键灯亮
perror("ioctl");
return 2;
  }
  sleep(5); //休眠 5s

  if (-1 == ioctl(fd, KDSETLED, 0)) { //控制键盘大小写键灯灭
perror("ioctl");
return 2;
  }
  close(fd); //关闭文件
  return 0;
}
```

※7.1.2　Linux 多线程编程

多线程是当前最为广泛使用的技术之一，它有助于开发者更好地使用系统资源，提高程序的执行效率，同时使程序更具有灵活性。

1. 进程与线程

进程是程序执行时的实例，在 Linux 操作系统中，

V7-4　Linux 多线程编程 1

V7-5　Linux 多线程编程 2

进程就是用于分配系统资源（CPU 时间、内存等）的基本单位。线程是进程中的执行分支，是系统进程调度的最小单位，一个进程由一个或多个线程组成，默认情况下，主线程从 main 函数开始执行，其他被创建出来的线程叫作子线程。线程属于进程的内部资源，同属一个进程的所有线程共享进程的全部资源。每个进程都有独立的内存空间，线程只能使用进程的内存空间。一个进程崩溃后，其中的所有线程都会退出执行，但不会对其他进程产生影响，

2．线程的优缺点

和进程相比，线程是一种非常节省资源的多任务操作方式。在 Linux 操作系统中，创建一个新的进程必须分配给它独立的内存空间，而运行于一个进程中的多个线程共同使用同一内存空间，所以创建一个线程所花费的内存空间远远小于创建一个进程所花费的内存空间，且线程切换所需的时间远远小于进程切换所需要的时间。

每个进程都有独立的内存空间，要对不同的进程进行数据的传递只能通过烦琐的进程间通信方式实现，这种方式不仅效率低下，还很不方便。线程则不然，由于同一进程下的线程共享内存空间，所以一个线程的数据可以直接为其他线程所用，无须特别的通信手段，这样既快捷又方便。

线程虽然有着较为突出的优点，但也伴随着一些缺点：因同属一个进程的所有线程共享同一内存空间，所以在共享变量的访问次序上的细微偏差都有可能引发系统性的错误；同时，因线程间的交互难以控制，所以编写多线程程序比编写单线程程序要困难得多。

3．多线程函数

可通过在终端执行命令"man 7 pthreads"查看多线程函数相关说明，常用的多线程函数如下。

```
#include <pthread.h>

int pthread_create(pthread_t *tid, const pthread_attr_t *attr, void *(*func)
(void *), void *arg);
int pthread_join (pthread_t tid, void ** status);
pthread_t pthread_self (void);
int pthread_detach (pthread_t tid);
```

① pthread_create 函数用于创建一个线程，成功则返回 0，失败则返回一个非 0 的错误码。函数参数 tid 是一个 pthread_t 变量的地址，用于存放创建出来的线程的 ID；参数 attr 用于指定创建线程的属性，如线程优先级、初始栈大小等，通常设为 NULL 表示使用系统默认值；参数 func 是一个函数指针，指定线程创建后，要执行的函数的地址，线程在此函数执行结束后退出；参数 arg 用于指定线程要执行的函数的参数。

② pthread_join 函数用于等待某个线程退出，成功则返回 0，失败则返回一个非 0 的错误码。函数参数 tid 用于指定要退出的线程的 ID；参数 status 如果不为 NULL，那么线程退出的返回值存储在 status 指向的空间中。

③ pthread_self 函数用于返回当前线程的 ID。

④ pthread_detach 函数用于指定线程变为分离状态，成功则返回 0，失败则返回一个非 0 的错误码。如果分离状态的线程退出，则它的所有资源将自动回收。如果不是分离状态的线程退出，则线程的资源会被占用直到其他线程对它调用 pthread_join 函数才会被回收。

因以上函数是 POSIX 规范的多线程函数，非 Linux 操作系统会直接提供调用接口，所以在编译多线程程序时需要指定使用的线程库，如"gcc test.c -lpthread"。

4. 线程实例

在一个程序中创建两个子线程，每个子线程进入 5 次循环，每隔 1s 输出一条信息。程序 test_thread.c 代码如下。

```c
#include <stdio.h>
#include <unistd.h>
#include <pthread.h>

void *pthread_func(void *arg);//子线程要执行的函数
int main(void)
{
 pthread_t tid1, tid2;
 /*创建两个子线程，线程 ID 分别存入 tid1、tid2。线程使用默认设置，执行 pthread_func 函数*/
 pthread_create(&tid1, NULL, pthread_func, NULL);
 pthread_create(&tid2, NULL, pthread_func, NULL);

 //等待两个子线程结束执行
 pthread_join(tid1, NULL);
 pthread_join(tid2, NULL);

 return 0;
}

void *pthread_func(void *arg)
{
 pthread_t tid = pthread_self(); //获取当前线程的 ID
 int i;

 for (i = 0; i < 5; i++)
 {
     printf("thread %ld : %d\n", tid, i);
     sleep(1);
 }

 return NULL;
}
```

程序编译执行后输出的信息如下。

```
stu@stu-VirtualBox:~/sixSection$ gcc test_thread.c -lpthread
stu@stu-VirtualBox:~/sixSection$ ./a.out
thread 140438293673728 : 0
thread 140438302066432 : 0
thread 140438302066432 : 1
thread 140438293673728 : 1
thread 140438293673728 : 2
thread 140438302066432 : 2
thread 140438302066432 : 3
thread 140438293673728 : 3
thread 140438302066432 : 4
thread 140438293673728 : 4
```

通过以上输出信息可见，线程的执行顺序并不是固定的，而是由系统的进程调度算法确定的。

7.1.3 Linux 网络编程

不同的厂商生产不同型号的计算机,它们运行各种各样的操作系统,但它们可以互相网络通信,这是因为所有的操作系统都遵循了 TCP/IP 通信标准。

V7-6 Linux 网络编程 1

V7-7 Linux 网络编程 2

V7-8 Linux 网络编程 3

V7-9 Linux 网络编程 4

1. TCP/IP

TCP/IP 通常被认为是一个 4 层协议系统,如图 7-3 所示。

TCP/IP 的每一层负责不同的功能,分别介绍如下。

① 链路层:又被称作数据链路层,通常包括操作系统中的设备驱动和硬件中对应的网络接口卡(网卡)。链路层主要根据通信双方网卡的 MAC 地址建立通信通道。

② 网络层:处理分组在网络中的活动,如根据网络通信双方的 IP 地址确立联系。在 TCP/IP 中,网络层协议包括互联网协议(Internet Protocol,IP)、互联网控制报文协议(Internet Control Message Protocol,ICMP),以及互联网组管理协议(Internet Group Management Protocol,IGMP)。

应用层	Telnet、FTP等
传输层	TCP和UDP
网络层	IP、ICMP和IGMP
链路层	设备驱动程序及网卡

图 7-3 TCP/IP 分层

③ 传输层:也称运输层,主要为网络通信双方的应用程序提供从端口到端口的通信。在 TCP/IP 中,主要有两个不相同的传输协议:传输控制协议和用户数据报协议(User Datagram Protocol,UDP)。TCP 提供高可靠性的数据通信,而 UDP 只将被称作数据报的数据分组从一端向另一端发出,但并不保证该数据报能准确到达。

④ 应用层:主要包括通过网络通信处理特定任务细节的应用程序,如 FTP、Telnet 等网络程序。

2. 网络通信基础

在网络世界中,网络通信的双方要想准确地找得到对方,除需要网络协议的支持外,还需要几个重要参数,这里重点介绍如下参数。

① MAC 地址:也称物理地址,是每个网卡或网络设备都会在出厂时被分配的全球唯一的地址。MAC 地址是传输网络数据时链路层用于标识发出数据的网络设备和接收数据的网络设备的地址。

② IP 地址:与 MAC 地址一样,也用于区分网络的设备。但 IP 地址的分配是由网络的拓扑结构决定的,而不是出厂时制定的。如图 7-4 所示,每一个路由器相当于一个中转站,实现对某个区域的计算机或低一级的路由器的统一管理。IP 地址的分配由各级路由来进行管理,经过这样的方式进行管理后,很多 IP 地址可以得到复用,相同的 IP 地址可以出现在不

同的路由器的局域网中，因为它们并不会互相影响和产生冲突。基于这种机制，网络设备其实是经过多级路由之后才得以与互联网相连的，路由器的作用就是选择最佳通信路径。

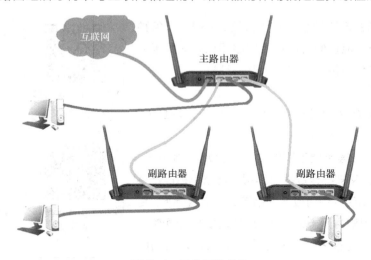

图 7-4　网络拓扑结构

③ 端口号：用于区别同一计算机系统中使用网络通信的不同进程。网络中的计算机是用 IP 地址来代表其身份的，但是一台计算机中可以同时提供多个网络服务，如数据库服务、FTP 服务、Web 服务等，可以通过不同的端口号来区分相同计算机提供的不同的服务进程。同一通信协议下的一个端口号只能由一个进程使用，而一个进程可以使用多个端口号。

3.　网络协议栈

在 Linux 操作系统中，发出网络数据时，网络协议栈可根据相关的信息生成符合 TCP/IP 分层的网络数据包，并调用网络设备驱动发出网络数据包。如图 7-5 所示，在应用层，程序发出 UDP 网络数据时，可选择在用户数据上加入自定义的首部信息；在传输层，网络协议栈根据用户指定的端口号在 UDP 首部填入发送端口号及接收端口号信息；在网络层，网络协议栈在 IP 首部填入发送端的 IP 地址及接收端的 IP 地址，以及标识传输层的传输协议；在链路层，网络协议栈在以太网首部填入发送端的 MAC 地址、接收端的 MAC 地址及网络层的协议。

在 Linux 操作系统中，网络设备驱动接收到 UDP 网络数据包后，由网络协议栈进行解析工作，并最后转送到相应的网络通信进程。网络协议栈在接收到网络数据包后，先在链路层解析以太网首部，若确定网络数据包的传输目标是当前主机，则转到网络层进行处理，否则丢弃该网络数据包；在网络层，检查 IP 首部，确认网络数据包的目的 IP 地址是否为当前主机的 IP 地址；在传输层，网络协议栈通过 UDP 首部的端口号信息把网络数据转交到相应的进程；在应用层，开发人员可以在用户数据的基础上加入自定义的应用（Application）首部信息实现 HTTP、FTP 等网络传输服务。

网络程序开发人员并不需要参与网络协议栈的复杂工作，Linux 操作系统中提供了 socket（套接字）接口。发出网络数据包时只需通过 socket 接口向网络协议栈递交要发出的网络数据即可，同样，通过 socket 接口也可以很方便地接收到网络协议栈处理过的网络数据包。

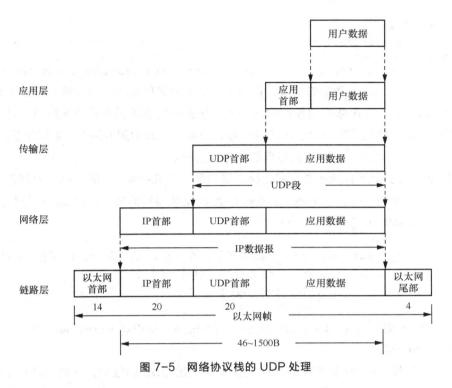

图 7-5 网络协议栈的 UDP 处理

4．UDP 网络编程函数

UDP 属于传输层协议。UDP 是面向非连接、不可靠的网络通信协议，它不与对方建立专用的通信通道，而是直接将要发出的数据包直接发给对方，但无法确保数据包是按发出次序到达接收端的。这里的"不可靠"仅表示网络协议栈发出数据后并不会让接收端回复已接收数据的确认信息，这样有丢失数据的风险，但可提高网络传输的效率。所以，UDP 适用于一次传输数据量少、对可靠性要求不高的或对实时性要求高的应用场景。当然，也可以通过应用层程序实现接收到数据包后回复确认信息的方法，提高 UDP 传输的可靠性。

可通过在终端执行命令"man 7 udp"查看 UDP 网络编程的帮助手册，其常用的函数如下。

（1）socket 函数

```
#include <sys/socket.h>
int socket(int domain, int type, int protocol);
```

socket 函数的作用就是让当前调用进程与网络协议栈建立联系。函数调用成功则返回一个文件描述符，可通过此文件描述符与网络协议栈进行数据的交互；调用失败则返回-1。

参数 domain 用于指定网络通信的域，常用的可选值如下：AF_INET 表示使用 IPv4 地址进行通信；AF_INET6 表示使用 IPv6 地址通信。

参数 type 用于指定网络通信类型，常用的可选值如下：SOCK_STREAM 表示使用 TCP；SOCK_DGRAM 表示使用 UDP。

参数 protocol 用于指定额外支持的网络协议，一般情况下，一个 socket 支持一种协议即可，所以此参数通常置为 0，表示无额外支持的协议。

（2）bind 函数

```
#include <sys/socket.h>
#include <netinet/in.h>
int bind(int sockfd, const struct sockaddr *addr,socklen_t addrlen);
```

bind 函数是一个可选调用的函数，它用于指定当前进程使用的端口号。在被动式访问的服务器中，必须调用此函数指定使用的端口号；在主动式访问服务器的客户端，可以不调用此函数而由网络协议栈分配一个空闲的端口号。函数执行成功则返回 0，失败则返回–1。

参数 sockfd 为调用 socket 函数得到的文件描述符。

参数 addr 用于指定 socket 收、发数据的端口号及使用的网卡。因 socket 是跨系统的网络通信接口，故可使用 struct sockaddr 来描述 IP 地址及端口号信息，但在 Linux 操作系统中要使用 struct sockaddr_in 来替代 struct sockaddr。

```
struct sockaddr_in {
  sa_family_t  sin_family;   /*指定通信域，与 socket 函数的 domain 参数含义相同*/
  unsigned short sin_port;   /*指定使用的端口号*/
  struct in_addr  sin_addr; /*通过 IP 地址*/
};
```

参数 addrlen 用于指定 addr 参数的大小，通常设为 sizeof(struct sockaddr_in)。

（3）sendto 函数

正如前文所说，Linux 操作系统中一切皆文件。在 UDP 编程中，只要先调用 connect 函数指定网络通信方的 IP 地址及端口号后，就可以通过文件描述符调用 read 或 write 函数收发数据，但这种方式不够灵活，所以常使用 sendto 或 recvfrom 函数来进行操作。

```
ssize_t sendto(int sockfd, const void *buf, size_t len, int flags,
                     const struct sockaddr *dest_addr, socklen_t addrlen);
```

sendto 函数的作用是向指定的 IP 地址及端口号发出 UDP 数据包。函数执行成功则返回发出数据的字节数，失败则返回–1。

参数 sockfd 为 socket 函数调用成功后得到的文件描述符。

参数 buf 为指针变量，指向存放数据的缓冲区。

参数 len 用于指定数据缓冲区的大小。

参数 flags 用于指定发送数据的特别处理方式，通常设为 0，表示正常发出。

参数 dest_addr 用于指定发送数据的目的 IP 地址及端口号，通常使用 struct sockaddr_in 类型。

参数 addrlen 为 dest_addr 参数的实际大小。

（4）recvfrom 函数

```
ssize_t recvfrom(int sockfd, void *buf, size_t len, int flags,
                       struct sockaddr *src_addr, socklen_t *addrlen);
```

recvfrom 函数用于接收 UDP 数据包。函数执行成功则返回接收数据的字节数，失败则返回–1。

参数 sockfd 为 socket 函数调用成功后得到的文件描述符。

参数 buf 为指针变量，指向存放接收数据的缓冲区。

参数 len 用于指定数据缓冲区的大小。

参数 flags 用于指定接收数据的特别处理方式，通常设为 0，表示正常接收。

参数 src_addr 用于存放发送端的 IP 地址及端口号，通常使用 struct sockaddr_in 类型。

参数 addrlen 用于返回 src_addr 参数的实际大小，需要初始化为 sizeof(struct sockaddr_in)。

（5）close 函数

当网络通信完成后，应当释放 socket 的文件描述符，断开与网络协议栈的联系，释放相关资源。

5．UDP 编程实例

在 Linux 操作系统应用开发中，不准确的系统时间可能会妨碍工作的开展，如编译文件时报错。后文通过 UDP 网络编程实现时间服务器功能，使访问服务器的客户可获取到服务器的日期及时间。如图 7-6 所示，服务器循环接收并处理客户端的请求，将获取到的系统时间回传到客户端；客户端向服务器发出请求 requestTime，并等待服务器回复时间，完成操作后结束通信。

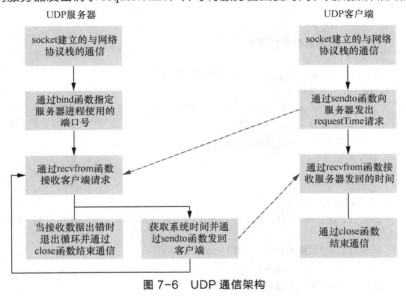

图 7-6　UDP 通信架构

服务器 udp_server.c 源码如下。

```
#include <stdio.h>
#include <string.h>
#include <unistd.h>
#include <time.h>
#include <sys/socket.h>
#include <netinet/in.h>

int main(void)
{
 int sd;
 // 创建 socket 并使之与网络协议栈建立联系
 sd = socket(AF_INET, SOCK_DGRAM, 0);
 if (-1 == sd)
 {
         perror("socket");
         return 1;
 }
```

```
struct sockaddr_in addr = {
            AF_INET,  //指定使用 IPv4 地址
    //指定使用 10086 端口，因大多操作系统在发送数据时是从低位到高位顺序发送的（小端），而
网络数据是从高位到低位顺序发出（大端），所以使用 htons 处理符合大端次序的端口号
            htons(10086),
    //表示当前系统的任意网卡接收的端口号为 10086 的 UDP 数据都由当前进程处理
            INADDR_ANY};
    //绑定使用的端口号
if (-1 == bind(sd, (struct sockaddr*)&addr, sizeof(addr)) )
    {
    perror("bind");
    return 2;
    }

char buf[100];  //接收数据的缓冲区
int ret;
    //用于存放发起请求的客户端的 IP 地址及端口号信息
struct sockaddr_in peer;
socklen_t addrlen = sizeof(peer);  //用于存放 peer 实际占用的大小
time_t tm;  //用于存放 time_t 时间值
char *dt;   //用于存放转换成字符串的时间

while (1)
{
    //循环等待接收客户端请求
    ret = recvfrom(sd, buf, sizeof(buf), 0, (struct sockaddr*)&peer, &addrlen);
    if (-1 == ret)
        break;  //如果接收操作出错，则退出循环
    buf[ret] = '\0';  //设置字符串的结尾
        //判断是否接收到获取服务器时间的请求
    if (0 == strcmp(buf, "requestTime"))
      {
        //获取当前系统时间，时间为从 1970-01-01 00:00:00 到当前时间的秒数
        tm = time(NULL);
        //将秒数时间转成字符串时间
        dt = ctime(&tm);
        //将字符串时间发回到客户端
        sendto(sd, dt, strlen(dt), 0, (struct sockaddr*)&peer, sizeof(peer));
      }
}
close(sd);  //结束通信
return 0;
}
```

客户端 udp_client.c 源码如下。
```
#include <stdio.h>
#include <stdlib.h>
```

```c
#include <string.h>
#include <unistd.h>
#include <time.h>
#include <sys/socket.h>
#include <netinet/in.h>
#include <arpa/inet.h>

const char *cmd = "requestTime";
int main(int argc, char *argv[])
{
 int sd, ret;
 char buf[100];

    //当执行当前程序时，需要在终端传入服务器的 IP 地址及端口号
 if (argc < 3)
 {
     printf("usage : %s  severIP  port \n", argv[0]);
     return 1;
 }


    //使用 socket 建立与网络协议栈的联系
 sd = socket(AF_INET, SOCK_DGRAM, 0);
 if (-1 == sd)
 {
         perror("socket");
         return 2;
 }

    //分别指定使用 IPv4 地址通信、服务器的端口号、服务器的 IP 地址
 struct sockaddr_in peer = {AF_INET,
                             htons(atoi(argv[2])),
                             inet_addr(argv[1])};
//向服务器发出请求
 ret = sendto(sd, cmd, strlen(cmd), 0, (struct sockaddr*)&peer, sizeof(peer));
 if (-1 == ret)
 {
     perror("sendto");
     return 3;
 }

 socklen_t addrlen = sizeof(peer);
    //等待接收服务器发回的字符串时间
 ret = recvfrom(sd, buf, sizeof(buf), 0, (struct sockaddr*)&peer, &addrlen);
 if (-1 == ret)
 {
     perror("recvform");
     return 4;
 }
 buf[ret] = '\0'; //在接收的数据末尾加上 "\0"
//输出获取到的系统时间
 printf("server dateTime : %s", buf);
 close(sd); //结束通信
 return 0;
}
```

197

服务器及客户端的编译执行过程如图 7-7 所示。

图 7-7　服务器及客户端的编译执行过程

7.2　嵌入式 Linux 操作系统应用开发

在嵌入式系统中的 Linux 的应用程序开发方法与在计算机中的是基本一致的，但应用程序需要使用交叉编译器等编译（参考 6.2.2 节安装配置交叉编译工具），可以调用嵌入式操作系统中的软、硬件资源。因 OpenWrt 是基于 Linux 内核构造的，所以 OpenWrt 可以完全兼容 Linux 操作系统。后文的操作皆在树莓派 3B+开发板上运行的 OpenWrt 系统中进行。

V7-10　嵌入式 Linux
操作系统应用开发

※7.2.1　使用 OpenWrt 自动生成的交叉编译器

因为 OpenWrt 会在编译过程中自动生成一个交叉编译器，并使用此编译器对整个系统源码进行编译，所以为了使开发者编写的程序能被开发板中的 OpenWrt 系统兼容，需要使用 OpenWrt 生成的编译器。此编译器位于 OpenWrt 源码目录的 staging_dir/toolchain-arm_cortex-a7+neon-vfpv4_gcc-8.4.0_musl_eabi/bin/arm-openWrt-linux-gcc，为了便于使用，可以将此编译器路径加入系统的 PATH 变量。

OpenWrt 源码目录在/usr/local/myopenWrt/openWrt/路径下，打开/etc/bash.bashrc 配置文件后，在文件末尾增加以下语句。

```
export PATH=/usr/local/myopenWrt/openWrt/staging_dir/toolchain-arm_cortex-
a7+neon-vfpv4_gcc-8.4.0_musl_eabi/bin/:$PATH
```

操作完成后，注销并重新登录系统后配置生效。

7.2.2　SSH 上传测试程序

SSH 除提供网络登录服务外，还提供通过网络传输文件的功能。以下是通过 SSH 把交叉编译器生成的程序文件传输到开发板中并执行该程序的具体过程。

1. 编写测试程序

在虚拟机的 Linux 操作系统中编写一个简单的程序，test.c 源码如下。

```c
#include <stdio.h>
int main(void)
{
  printf("hello arm\n");
  return 0;
}
```

2. 交叉编译程序

在终端执行以下命令。

```
arm-openWrt-linux-gcc test.c - o test_arm
```

3. 通过 SSH 上传程序

通过命令"scp 上传程序文件名称 用户名@SSH 服务器 IP 地址:/目录名"上传程序，如把 test_arm 上传到开发板的 root 目录中，则命令如下。

```
scp test_arm root@192.168.1.1:/root
```

4. 在开发板系统中执行程序

通过 minicom 或 SSH 登录开发板中的系统，进入开发板的 OpenWrt 系统的/root 目录，执行 test_arm 程序，其执行过程及输出信息如下。

```
root@OpenWrt:~# ./test_arm
hello arm
```

7.2.3　Linux GPIO 的调用

通用输入输出（General Purpose Input/Output，GPIO）在嵌入式操作系统中是 SoC 的引脚，每个 GPIO 至少有两种功能：一种是输出功能，即可以控制此引脚输出高电平（3.3V）或低电平（0V）；另一种是输入功能，即可以通过此引脚获取电平状态，如是高电平（用二进制数 1 表示）还是低电平（用二进制数 0 表示）。除这两种功能外，有些 GPIO 还可以用作其他功能接口。

V7-11　Linux GPIO 的调用 1

V7-12　Linux GPIO 的调用 2

V7-13　Linux GPIO 的调用 3

V7-14　Linux GPIO 的调用 4

V7-15　Linux GPIO 的调用 5

1. GPIO 接口

在 Linux 内核中已集成各种通用的硬件设备驱动，厂商会在推出芯片时修改内核源码，使设备驱动可以正常驱动各种硬件接口。OpenWrt 系统的 Linux 内核的设备驱动已实现所有 GPIO 的驱动，且在系统中留下调用接口（详情可以阅读内核源码中的 gpio.txt 文档）。GPIO 接口操作方法如下。

（1）指定要使用的 GPIO

在嵌入式操作系统中，各种 SoC 一般会有多个 GPIO，默认并不会为所有 GPIO 生成具体的调用接口，需要通过/sys/class/gpio/export 生成 GPIO

的具体调用接口。如要生成第 20 号 GPIO 接口，则在终端执行命令"echo 20 > /sys/class/gpio/
export"，命令执行后会产生一个子目录/sys/class/gpio/gpio20。

（2）指定输入或输出功能

/sys/class/gpio/gpio20 目录下的 direction 文件用于指定第 20 号 GPIO 接口是具有输入功
能还是具有输出功能。

具有输出功能时执行如下命令。

```
echo out > /sys/class/gpio/gpio20/direction
```

具有输入功能时执行如下命令。

```
echo in > /sys/class/gpio/gpio20/direction
```

（3）GPIO 的电平

/sys/class/gpio/gpio20 目录下的 value 文件用于设置或获取第 20 号 GPIO 接口的电平状态。

控制输出高电平时执行如下命令。

```
echo 1 > /sys/class/gpio/gpio20/value
```

控制输出低电平时执行如下命令。

```
echo 0 > /sys/class/gpio/gpio20/value
```

通过输入功能获取电平状态时执行如下命令。

```
cat /sys/class/gpio/gpio20/value
```

输出的值为"1"表示高电平，输出的值为"0"表示低电平。

以上 GPIO 操作的例子是通过 echo 和 cat 命令完成的，其实 echo 命令用于打开文件后写
入数据，而 cat 命令用于打开文件后读取数据。请尝试以文件编程方式操作 GPIO。

2. 蜂鸣器模块

蜂鸣器是嵌入式操作系统中常见的硬件设备，常用于在特殊场合中紧急向用户发出警
告。因开发板上是没有蜂鸣器模块的，所以需要购买一
个如图 7-8 所示的蜂鸣器模块。

此模块共有 3 个引脚：GND 引脚用于接地线；I/O 引
脚用于连接 GPIO，GPIO 输出低电平则蜂鸣器响，输出高
电平则蜂鸣器停；V_{CC} 引脚用于连接电源（3.3～5V）。

I/O 引脚通过杜邦线与开发板的 GPIO26 连接。蜂鸣
器模块的连接如图 7-9 所示。

图 7-8　蜂鸣器模块

蜂鸣器模块连接后，在终端上进行如下操作。

生成 GPIO26 的操作接口，命令如下。

```
echo 26 > /sys/class/gpio/export
```

设置输出功能，命令如下。

```
echo out > /sys/class/gpio/gpio26/direction
```

GPIO 输出低电平，蜂鸣器响，命令如下。

```
echo 0 > /sys/class/gpio/gpio26/value
```

GPIO 输出高电平，蜂鸣器停，命令如下。

```
echo 1 > /sys/class/gpio/gpio26/value
```

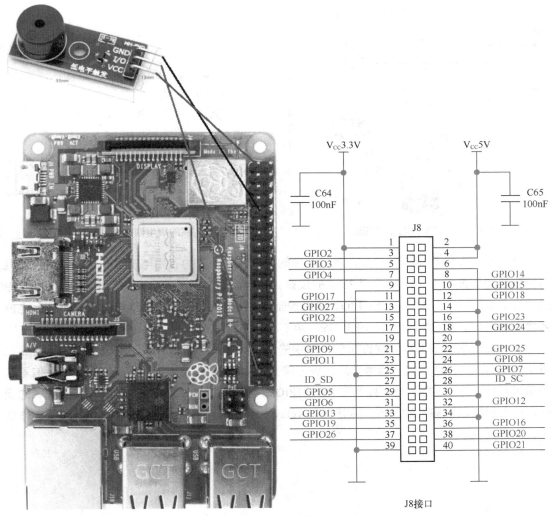

图 7-9　蜂鸣器模块的连接

3．继电器模块

在嵌入式操作系统中，往往要控制工作电压为 220V 的交流电器，如控制照明灯等。但因嵌入式操作系统的工作电压为直流 3.3V，无法直接用于交流电器，所以需要引用继电器模块，以间接控制交流电器的工作。

如图 7-10 所示，继电器的工作原理如下。交流电器只要接上电源的火线和零线即可正常工作，但交流电器的火线是需要经过导片与触点接触才可以导通的，这两者又由于弹簧张力作用而处于分离状态，相当于电路开路。当开关 K 闭合时，磁线圈得到信号电源而产生一个磁场，产生的吸力把衔铁往下吸，从而使导片与触点接触，这样交流电器的火线导通，交流电器就能正常工作。通常，继电器的线圈需求的信号电源比较低，一般为 3.3V 或 5V，这样继电器即可实现通过低电压控制高电压的功能。

购买的继电器模块及其使用方法如图 7-11 所示。

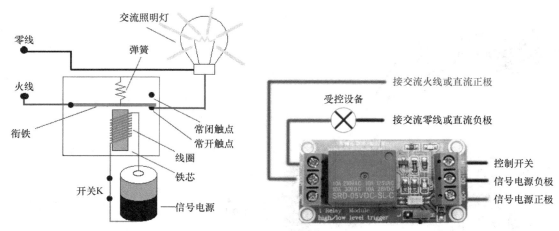

图 7-10　继电器的工作原理　　　　　　图 7-11　购买的继电器模块及其使用方法

此继电器模块可用于控制交、直流电源的导通和断开，为了用电安全，也可以通过此继电器模块控制低电压（如 5V、3.3V）的设备。继电器模块的"控制开关"相当于图 7-10 中的"开关 K"，它可连接一个 GPIO，通过控制 GPIO 的高、低电平使继电器工作，当继电器闭合或断开时，都会听到比较小的"啪"声。

继电器模块与开发板只需连接信号电源的正、负极及一个 GPIO 接口即可。参考图 6-12 所示的树莓派 GPIO 接口，信号电源正极可接开发板 J8 接口的 1 脚（不是 GPIO1），信号电源负极可接 J8 接口的 9 脚，控制开关与 GPIO12（J8 接口的 32 脚）。参考蜂鸣器模块的操作方法通过编写代码控制硬件，程序 test_relay.c 用于实现每隔 5s 改变继电器模块的工作状态，代码如下。

```c
#include <stdio.h>
#include <unistd.h>
#include <fcntl.h>

int main(void)
{
 int fd;

//实现操作: echo 12 > /sys/class/gpio/export
fd = open("/sys/class/gpio/export", O_WRONLY);
if (-1 == fd)
{
    perror("open export");
    return 1;
}
write(fd, "12", 2);
close(fd);

// 实现操作: echo out > /sys/class/gpio/gpio12/direction
fd = open("/sys/class/gpio/gpio12/direction", O_WRONLY);
if (-1 == fd)
{
```

```
        perror("open direction");
        return 2;
}
write(fd, "out", 3);
close(fd);

//打开/sys/class/gpio/gpio12/value 以便控制输出指定电平
fd = open("/sys/class/gpio/gpio12/value", O_WRONLY);
if (-1 == fd)
{
    perror("open value");
    return 3;
}

while (1)
{
        write(fd, "1", 1); //GPIO12 输出高电平
        sleep(5);


        write(fd, "0", 1);//GPIO12 输出低电平
        sleep(5);
}

close(fd);
return 0;
```

参考 7.2.2 小节的操作方法，将此程序上传到开发板中并执行程序，程序执行过程中每隔 5s，继电器模块会交替切换工作状态，在状态改变时会听到继电器模块触片发出轻微的声音。测试结束后按 Ctrl+C 组合键中断程序的执行。

4. 三色 LED 灯模块

此三色 LED 灯模块如图 7-12 所示，该模块可发出红（R）、绿（G）、蓝（B）3 种颜色的光，分别由 R、G、B 引脚获取到高电平而显示出来，如果多个引脚都获得高电平，则显示的颜色是叠加的。参考图 6-12 所示的树莓派 GPIO 接口，使模块的 R 引脚接 GPIO21、G 引脚接 GPIO20、

图 7-12　三色 LED 灯模块

B 引脚接 GPIO16、GND 引脚与开发板的任意一个 GND 接口连接即可。

设置完成后，程序 test_leds.c 用于实现每隔 1s 轮流显示 3 种颜色，代码如下。

```
#include <stdio.h>
#include <string.h>
#include <unistd.h>
#include <fcntl.h>


#define GPIO_EXPORT  "/sys/class/gpio/export"
#define R_GPIO       "21"  //GPIO21
#define G_GPIO       "20"  //GPIO20
#define B_GPIO       "16"  //GPIO16
```

```c
int gpio_export();  //生成 R、G、B 脚的 GPIO 接口
int gpio_output();  //把 GPIO 设置成输出功能
//给指定的 GPIO 输出指定的电平
int gpio_setvalue(const char *gpio, int level);
int main(void)
{
 //生成诸如"/sys/class/gpio/gpio21"的目录
 gpio_export();

 //将模块的 R、G、B 引脚连接的 GPIO 设置为输出功能
 gpio_output(R_GPIO);
 gpio_output(G_GPIO);
 gpio_output(B_GPIO);

 //将模块的 R、G、B 引脚连接的 GPIO 设置为输出低电平，所有灯先熄灭
 gpio_setvalue(R_GPIO, 0);
 gpio_setvalue(G_GPIO, 0);
 gpio_setvalue(B_GPIO, 0);

while (1)
{
    //显示红色光
    gpio_setvalue(B_GPIO, 0);
    gpio_setvalue(R_GPIO, 1);
    sleep(1);  //休眠 1s

    //显示绿色光
    gpio_setvalue(R_GPIO, 0);
    gpio_setvalue(G_GPIO, 1);
    sleep(1);

    //显示蓝色光
    gpio_setvalue(G_GPIO, 0);
    gpio_setvalue(B_GPIO, 1);
    sleep(1);
}
 return 0;
}

//操作: echo 1 > /sys/class/gpio/gpio21/value
int gpio_setvalue(const char *gpio, int level)
{
char str[100];
int fd;

sprintf(str, "/sys/class/gpio/gpio%s/value", gpio);
fd = open(str, O_WRONLY);
if (-1 == fd)
{
    perror("open value");
```

```c
        return 1;
    }

    write(fd, level ? "1" : "0", 1);
    close(fd);
    return 0;
}

//操作: echo out > /sys/class/gpio/gpio21/direction
int gpio_output(const char *gpio)
{
    char str[100];
    int fd;

    sprintf(str, "/sys/class/gpio/gpio%s/direction", gpio);
    fd = open(str, O_WRONLY);
    if (-1 == fd)
    {
        perror("open direction");
        return 1;
    }
    write(fd, "out", 3);
    close(fd);
    return 0;
}

//操作: echo 21 > /sys/class/gpio/export
int gpio_export()
{

    int fd = open(GPIO_EXPORT, O_WRONLY);
    if (-1 == fd)
    {
    perror("gpio_export");
    return 1;
    }

    write(fd, R_GPIO, strlen(R_GPIO));
    write(fd, G_GPIO, strlen(R_GPIO));
    write(fd, B_GPIO, strlen(R_GPIO));

    close(fd);
    return 0;
}
```

参考 7.2.2 小节的操作方法，编译程序后将其上传至开发板目录下，登录开发板系统后执行程序，即可以看到每隔 1s 循环显示红、绿、蓝 3 种颜色的灯光。因程序中使用的是死循环，故需要在终端按 Ctrl+C 组合键中断程序的执行。

5. 烟雾传感器模块

随着人们安全意识的提高，各类安全探测传感器渐渐走进人们的生活。例如，经常看到一些公共场所，如商场、电影院等，安装了烟雾传感器，它会在探测到足量烟雾之后发出火情警报。

这里采用的烟雾传感器模块如图 7-13 所示。

图 7-13　烟雾传感器模块

参考图 6-12，模块的 V_{CC} 可连接开发板 J8 接口的 2 脚，模块的 GND 可连接 J8 接口的 6 脚，DO 可连接 J8 接口的 GPIO19。程序 test_smog.c 用于实现每隔 500ms 探测一次烟雾，代码如下。

```c
#include <stdio.h>
#include <unistd.h>
#include <fcntl.h>


int main(void)
{
 int fd, ret;
 char ch;

 // 实现操作: echo 19 > /sys/class/gpio/export
 fd = open("/sys/class/gpio/export", O_WRONLY);
 if (fd < 0)
 {
     perror("open export");
     return 1;
 }
 write(fd, "19", 2);
 close(fd);

 // 实现操作: echo in > /sys/class/gpio/export
 fd = open("/sys/class/gpio/gpio19/direction", O_WRONLY);
 if (fd < 0)
 {
     perror("open direction");
     return 2;
 }
 write(fd, "in", 2);
 close(fd);


 while (1)
 {        //因每次打开 value 文件只能读一次数据，所以需要将其放在循环体中
         fd = open("/sys/class/gpio/gpio19/value", O_RDONLY);
         if (-1 == fd)
         {
             perror("open value");
```

```
                return 3;
        }
//获取 GPIO19 的电平状态,值为 1 表示高电平,值为 0 表示低电平
ret = read(fd, &ch, 1);
if (-1 == ret)
                break;
if ('0' == ch) //当探测到烟雾时, GPIO19 为低电平
{
            printf("smog detected\n");
}
close(fd); //关闭文件

usleep(500000); //休眠 500ms, usleep 函数是按以 μs 为单位的时间休眠的
}

return 0;
}
```

参考 7.2.2 小节的操作方法,通过 SSH 上传并执行程序后,可以用打火机对着传感器感应头喷出燃气(注意,不可点着火),程序会提示探测到烟雾。

※7.2.4 Linux I2C 接口的调用

I2C 是飞利浦公司发明的一种硬件通信协议,也是一种硬件接口,可用于连接具有 I2C 接口的设备,并进行通信。I2C 是嵌入式操作系统中常见的接口,常用于获取触摸屏的触点坐标、控制声卡及互补金属氧化物半导体(Complementary Metal-Oxide-Semiconductor, CMOS)摄像头的工作状态。

V7-16 Linux I2C
接口的调用 1

V7-17 Linux I2C
接口的调用 2

V7-18 Linux I2C
接口的调用 3

V7-19 Linux I2C
接口的调用 4

1. I2C 通信协议

I2C 接口由两根导线组成:一根数据线(Synchronous Data Adapter, SDA),一根时钟线(Serial Communication Loop, SCL)。I2C 接口可并接多个 I2C 设备,如图 7-14 所示,在同一接口上的每个设备需要一个不同的设备地址(通常是 7 位地址)来区分。每次 I2C 通信时都需要指定所操作的设备地址,通常情况下,一个通信过程中只能访问一个设备。

V7-20 Linux I2C
接口的调用 5

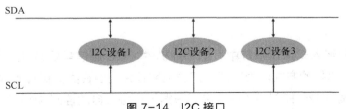

图 7-14 I2C 接口

在 I2C 通信过程中，通常分为主机（Master）和从机（Slave）两种角色。主机表示发起通信的操作方，而从机表示被操作方。I2C 设备通常情况下扮演从机的角色。SCL 和 SDA 这两根导线默认处于高电平状态，I2C 通信的开始和结束由以下两个信号表示，如图 7-15 所示。

- 开始信号：SCL 处于高电平状态，SDA 处于从高电平到低电平的下降沿状态。此信号由主机发出，表示传输的开始。
- 停止信号：SCL 处于高电平状态，SDA 处于从低电平到高电平的上升沿状态。此信号由主机发出，表示传输的结束。

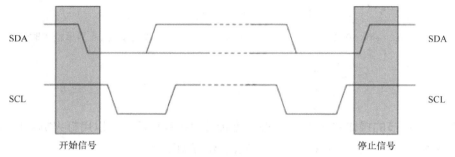

图 7-15　I2C 通信的开始信号和停止信号

I2C 的通信过程如图 7-16 所示。

向从机设备发送数据（Write Mode）：主机先发出开始信号（S），然后发出 8 位数据［由 7 位设备地址（Slave Address）和一位（R/W）读写位组成］，读写位的值为 0。同一 I2C 接口的所有设备都会接收到设备地址，会与自身的地址进行比较，如果地址是一样的，则由匹配的设备回应答信号（A）。如果没有匹配的设备地址，则没有应答信号。主机收到应答信号后，再发出 8 位数据，从机收到数据应回应答信号，表示已收到数据。

（a）向从机设备发送数据

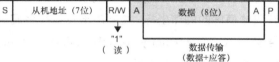

（b）读取从机设备数据

图 7-16　I2C 的通信过程

S——开始　P——结束　A——应答　R/W——读/写
□——从主机到从机　▧——从从机到主机

主机如需再发数据，则在接收到应答信号后，再发出 8 位数据……最后主机发出停止信号。

读取从机设备数据（Read Mode）：主机先发出开始信号，然后发出 8 位数据，读写位的值为 1。从机匹配上后，回应答信号，从机再发出 8 位数据，主机接收数据后，如需再接收数据，则应回应答信号给从机。从机收到应答信号后，再发出 8 位数据……最后主机发出停止信号。

2. I2C 控制器驱动

通常情况下，在低端的嵌入式操作系统中，如单片机中，I2C 通信需要通过控制 GPIO 的电平按 I2C 协议来实现，这样的方式较为麻烦，开发难度较大。但在类似树莓派这样的高端系统中，通常在 SoC 中集成 I2C 控制器（一个专门根据 I2C 协议自动控制 SDA 和 SCL 电平的硬件）。发送数据时，只需把数据提交到控制器，由控制器负责控制 SDA 和 SCL 电平来发出数据。接收数据时，由控制器负责根据 SCL 的时钟信号来判断 SDA 的电平，接收并存储数据，最后由用户从控制器里取回数据。

Linux 内核中已集成大多 SoC 的 I2C 控制器驱动，但因 OpenWrt 是服务于路由器的操作系统，所以默认情况下内核里是没有编译 I2C 相关驱动的，需要用户自行改变 Linux 内核相关配置，以驱动 I2C 控制器。通过终端进入 OpenWrt 源码根目录，执行 "make menuconfig" 命令，进入配置主页面。选择 "Kernel modules" → "I2C support" 选项，选中 "kmod-i2c-bcm2835" 后，会自动选中 "kmod-i2c-core"，如图 7-17 所示，保存配置并退出配置主页面。

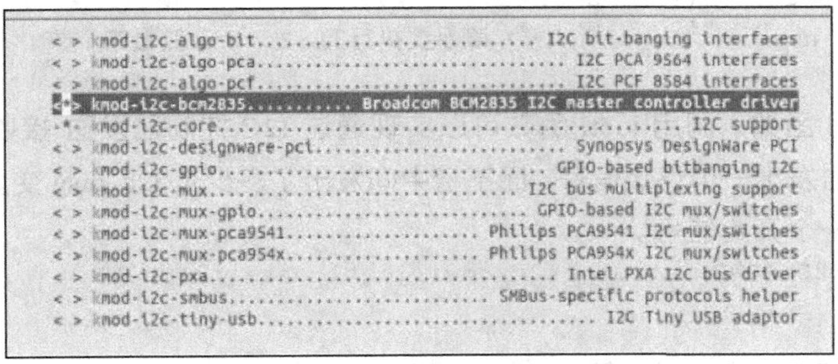

```
< > kmod-i2c-algo-bit............. ......... I2C bit-banging interfaces
< > kmod-i2c-algo-pca............. ......... I2C PCA 9564 interfaces
< > kmod-i2c-algo-pcf............. ......... I2C PCF 8584 interfaces
<*> kmod-i2c-bcm2835.......... Broadcom BCM2835 I2C master controller driver
-*- kmod-i2c-core.............. ......... ............. I2C support
< > kmod-i2c-designware-pci.... ......... Synopsys DesignWare PCI
< > kmod-i2c-gpio............. ......... GPIO-based bitbanging I2C
< > kmod-i2c-mux.............. ......... I2C bus multiplexing support
< > kmod-i2c-mux-gpio......... ......... GPIO-based I2C mux/switches
< > kmod-i2c-mux-pca9541...... ......... Philips PCA9541 I2C mux/switches
< > kmod-i2c-mux-pca954x...... ......... Philips PCA954x I2C mux/switches
< > kmod-i2c-pxa............. ......... Intel PXA I2C bus driver
< > kmod-i2c-smbus........... ......... SMBus-specific protocols helper
< > kmod-i2c-tiny-usb........ ......... ....... I2C Tiny USB adaptor
```

图 7-17   I2C 控制器驱动

内核的设备驱动是通用的，并不是只服务于某一款芯片。不同的芯片使用的硬件资源会不同，如使用的 GPIO 接口就会不同。具体硬件资源信息都是在内核的设备文件中描述的，相关设备驱动可使用设备文件中描述的资源。这部分工作通常由厂商或设备驱动开发人员实现，在 OpenWrt 系统的设备文件中已对 I2C 控制器进行描述，但默认没有启用。修改设备文件 build_dir/target-arm_cortex-a7+neon-vfpv4_musl_eabi/linux-bcm27xx_bcm2709/linux-5.4.124/arch/arm/boot/dts/bcm270x-rpi.dtsi，将第 126 行修改如下。

```
125 &i2c1 {
126   status = "okay";
127 };
```

修改完成后保存文件并退出，参考 6.1.3 节的内容，重新编译并烧录新系统镜像。

3. Linux I2C 接口调用

使用加入 I2C 控制器驱动的新系统镜像后，在系统/dev 目录下会产生一个设备文件/dev/i2c-1。这个设备文件就是供应用程序调用 I2C 控制器使用的，通过它可以在应用程序中将数据交由控制器发出，并从控制器取回接收到的数据。

通过 Linux 内核中的 dev-interface 说明文档可知，主要通过调用操作设备文件的 ioctl 函数与 I2C 控制器驱动通信，方法如下。

① 打开要调用的控制器设备文件。

```
int fd = open("/dev/i2c-1", O_RDWR);
```

② 设置超时时间和传输失败时的重试次数（可选操作）。

```
ioctl(fd, I2C_TIMEOUT, 10);
ioctl(fd, I2C_RETRIES, 2);
```

③ 准备好需要传输的数据。

```
struct i2c_msg { /*I2C 消息结构体类型，每个 i2c_msg 变量都会有一个开始信号，但不会有
停止信号*/
    __u16 addr;     /* 设备地址*/
    __u16 flags;    /* 写为 0，读为 I2C_M_RD*/
    __u16 len;      /* 发送/接收数据长度*/
    __u8 *buf;      /* 数据缓冲区地址*/
};
struct i2c_rdwr_ioctl_data {
 /* i2c_msg 变量的地址。如果有多条 I2C 消息，则可用一个 i2c_msg 的数组，msgs 为数组名 */
    struct i2c_msg *msgs;
    int nmsgs;                    /* 表示要执行的 i2c_msg 变量的个数 */
};
```

④ 调用 ioctl 函数。调用 ioctl 函数可以实现通过 I2C 控制器发送/接收数据，每调用一次，只会在完成时发出一个停止信号，而不管中间发出了多少个 i2c_msg 变量，且每一个 i2c_msg 变量都会有一个开始信号。

```
ioctl(fd, I2C_RDWR, struct i2c_rdwr_ioctl_data *msgset);
```

4. SHT30

SHT30 温湿度传感器模块（简称 SHT30 模块）是一个使用 I2C 接口的传感器模块，它可以获取当前环境中的温度及湿度数据。SHT30 模块如图 7-18 所示。

模块的插针焊接好后，模块的 VIN 引脚可连接开发板 J8 接口的 1 脚，模块的 SDA 可连接 J8 接口的 GPIO2（SDA1），模块的 SCL 可连接 J8 接口的 GPIO3（SCL1），GND 引脚可接 J8 接口的 9 脚。

当要对 I2C 设备进行通信时，必须先指定设备地址。通过查阅 SHT30 模块的手册，SHT30 模块设备地址如图 7-19 所示。

SHT3x-DIS	I2C地址 （十六进制表示）	状态
I2C address A	0×44（默认）	ADDR连接VSS
I2C address B	0×45	ADDR连接VDD

图 7-18　SHT30 模块　　　　　图 7-19　SHT30 模块设备地址

SHT30 模块的默认设备地址为 0x44（参考 I2C address A），也有可能是 0x45（参考 I2C address B）。

如图 7-20 所示，与 SHT30 模块通信时，先发出开始信号和设备地址（I2C Address），再发出 2 个字节的命令（Command MSB、Command LSB）才可以连续读出 6 个字节数据：分别是温度值的高字节、温度值的低字节、温度检验值、湿度值的高字节、湿度值的低字节、湿度检验值。SHT30 模块命令的具体内容可参考图 7-21，可选高采样性（High Repeatability）的值——0x2C 及 0x06。时钟延展（Clock Stretching）指通过将 SCL 拉低来暂停一个传输。

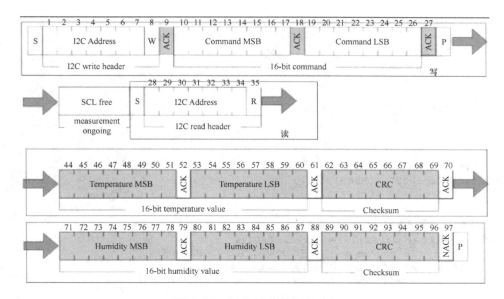

图 7-20　SHT30 模块通信时序

获取到的温度、湿度数据还需要进行转换才能得到真实的数据，转换公式如图 7-22 所示。

温度转换公式(结果分摄氏度°C 和华摄氏度°F)：

$$实际温度[°C] = 175 \cdot \frac{传感器的温度数据}{2^{16}-1} - 45$$

$$实际温度[°F] = 315 \cdot \frac{传感器的温度数据}{2^{16}-1} - 49$$

相对湿度的转换公式(结果带%号)：

$$实际湿度 = 100 \cdot \frac{传感器的湿度数据}{2^{16}-1}$$

状态		十六进制编码	
采样性	时钟延展	MSB	LSB
高	支持	0x2C	0x06
中			0x0D
低			0x10

图 7-21　SHT30 模块命令的具体内容　　　　图 7-22　转换公式

5．SHT30 模块编程

通过图 7-20 可知，在整个通信过程中总共有两个停止信号，表示需要通过函数 ioctl 调用两次 I2C 接口，一次发出 2 个字节的命令，另一次读取 6 个字节的温度、湿度数据。因整个通信过程只有两个开始信号，所以需要两个 i2c_msg 消息结构体变量，因中间有停止信号隔开这两个开始信号，所以每次调用 ioctl 函数时只需发出一条 i2c_msg 消息。程序 test_sht30.c 用于获取当前环境的温度、湿度数据，代码如下。

```c
#include <stdio.h>
#include <unistd.h>
#include <fcntl.h>
#include <linux/i2c.h>
#include <linux/i2c-dev.h>
#include <sys/ioctl.h>

#define I2C_ADDR  0x44

int main(void)
{
```

```
    int fd, i;

//打开设备文件
    fd = open("/dev/i2c-1", O_RDWR);
    if (fd < 0)
{
    perror("open");
        return 1;
}

//设置超时时间及重试次数
    ioctl(fd, I2C_TIMEOUT, 10);
    ioctl(fd, I2C_RETRIES, 2);

//给 SHT30 模块发出 2 个字节的命令
unsigned char dataw[2] = {0x2c, 0x06};
    struct i2c_msg msgw = {I2C_ADDR, 0, 2, dataw};
    struct i2c_rdwr_ioctl_data idataw = {
        .msgs = &msgw,
        .nmsgs = 1,
    };
    if (ioctl(fd, I2C_RDWR, &idataw) < 0)
    {
        perror("ioctl");
        return 2;
    }

//从 SHT30 模块中读取 6 个字节的数据
unsigned char buff[6];
    struct i2c_msg msgr = {I2C_ADDR, 1, 6, buff};
    struct i2c_rdwr_ioctl_data idatar = {
        .msgs = &msgr,
        .nmsgs = 1,
    };
    if (ioctl(fd, I2C_RDWR, &idatar) < 0)
    {
        perror("ioctl");
        return 2;
    }

unsigned int tem = ((buff[0]<<8) | buff[1]);//组合成温度数据
    unsigned int hum = ((buff[3]<<8) | buff[4]);//组合成湿度数据

/*转换成实际温度*/
float Temperature= (175.0*(float)tem/65535.0-45.0) ;//实际温度= -45 + 175 * tem
/ (2^16-1)-45
/*转换成实际湿度*/
float Humidity= (100.0*(float)hum/65535.0);//实际湿度= 100*hum / (2^16-1)

printf("temperature: %4.2f, humidity: %4.2f\n", Temperature, Humidity);

    close(fd);
    return 0;
}
```

测试时可以用手指轻触传感器芯片（一定要注意不能造成短路），以改变传感器的温度、湿度数据。

7.3 项目实施

综合前文所介绍的知识，开发分布式环境侦测报警系统，主要采用 Linux 多线程编程技术，实现实时侦测烟雾浓度、温度和湿度等数据。如数据超过预设值范围，则系统自动使蜂鸣器模块发出警报声并通过网络广播发出警告。除此之外，系统还将集成用户广播自定义通知消息的功能。

7.3.1 项目开发前期工作

正所谓"不走弯路就是捷径"，为了避免在系统开发过程中陷入瓶颈，项目开发前期必须正确地规划好系统架构、系统的工作流程，以及储备开发实现中所需的技术。

V7-21 项目开发
前期工作

步骤 1　任务分析

系统总体功能模块可分成三大模块，如图 7-23 所示，每个模块的功能分别如下。

（1）烟雾侦测模块

定时采集烟雾传感器模块得到的烟雾浓度数据，当超出预设值范围时，使蜂鸣器模块发出警报声，同时通过网络广播发出警告，使局域网内所有侦测接收端及时收到烟雾浓度数据异常警告。

（2）用户广播通知模块

接收用户输入的自定义消息，并通过网络广播发出消息，使局域网内所有侦测接收端接收到此消息。

（3）温湿度侦测模块

图 7-23　系统总体功能模块

定时采集 SHT30 模块的数据，当超出预设值范围时，使蜂鸣器模块发出警报声，同时通过网络广播发出警告，使局域网内所有侦测接收端及时收到温度、湿度数据异常的警告。

程序流程图如图 7-24 所示。

步骤 2　UDP 广播

UDP 是无连接的网络传输协议，支持网络广播，即向表示广播的 IP 地址发出 UDP 网络数据包，会将数据包通过网络中的路由器转发到整个局域网内所有在线的网络设备。一般情况下，广播 IP 地址为网段中最大的 IP 地址，如开发板的地址为 192.168.1.*，网络掩码为255.255.255.255，则广播地址为 192.168.1.255。

默认情况下，创建的 UDP socket 是不支持网络广播功能的。需要启用 UDP 广播功能后，才可以发送和接收广播网络数据包。打开 UDP 广播功能的代码如下。

```
int on = 1
setsockopt(sd, SOL_SOCKET, SO_BROADCAST, &on, sizeof(on)));
```

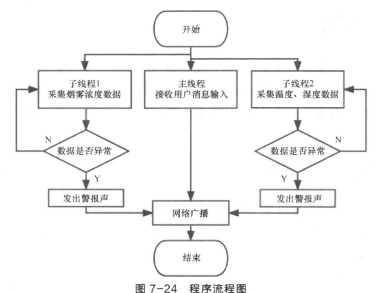

图 7-24　程序流程图

步骤 3　硬件连线

参考图 6-12 所示开发板的 J8 接口情况，连接 SHT30 模块、烟雾传感器模块和蜂鸣器模块。具体连接方法如下：

- SHT30 模块的 VIN→J8 接口的 1 脚（3.3V）。
- SHT30 模块的 SDA→J8 接口的 3 脚（GPIO2　SDA1）。
- SHT30 模块的 SCL→J8 接口的 5 脚（GPIO3　SCL1）。
- SHT30 模块的 GND→J8 接口的 9 脚。
- 烟雾传感器模块的 V_{CC}→J8 接口的 2 脚（5V）。
- 烟雾传感器模块的 GND→J8 接口的 6 脚。
- 烟雾传感器模块的 DO→J8 接口的 35 脚（GPIO19）。
- 蜂鸣器模块的 V_{CC}→J8 接口的 17 脚（3.3V）。
- 蜂鸣器模块的 I/O→J8 接口的 37 脚（GPIO26）。
- 蜂鸣器模块的 GND→J8 接口的 39 脚。

7.3.2　项目代码

V7-22　项目代码 1　　V7-23　项目代码 2　　V7-24　项目代码 3　　V7-25　项目代码 4

本项目共需编写两个程序，一个程序运行于开发板上，通过 3 个线程分别实现用广播传输用户消息输入、监控烟雾传感器模块和监控温湿度传感器模块的工作状态，并在传感器数据出现异常时通过网络广播发出警告消息；另一个程序运行于计算机，用于接收开发板发送的广播消息。以下是具体实现步骤。

V7-26 项目代码 5

V7-27 项目代码 6

步骤 1　GPIO 封装

因获取烟雾传感器模块的数据和控制蜂鸣器模块都需要操作 GPIO 接口，所以把 GPIO 接口操作的相关代码封装成一套函数接口，以便复用相关代码。

头文件 mygpio.h 用于声明相关的操作函数。

```
#ifndef MYGPIO_H
#define MYGPIO_H

//定义枚举类型，用于区分 GPIO 是采用输入功能还是采用输出功能
enum GPIO_DIRCT {
 INPUT, OUTPUT
};

/*函数功能：产生 GPIO 接口
参数 gpio 用于指定操作第几个 I/O 接口，参数 dirt 用于指定使用输入功能或输出功能
参数 output_level 用于在 GPIO 为输出功能时，输出高、低电平
函数执行成功则返回 0，失败则返回负数*/
int mygpio_init(int gpio, enum GPIO_DIRCT dirt, int output_level);

/*函数功能：设置指定 GPIO 接口的电平状态
参数 gpio 用于指定操作的 I/O 接口
参数 output_level 用于指定要输出的高、低电平
函数执行成功则返回 0，失败则返回负数*/
int mygpio_setvalue(int gpio, int output_level);

/*函数功能：获取指定 GPIO 接口的电平状态
参数 gpio 用于指定操作的 I/O 接口
函数执行后返回 I/O 接口的电平状态，返回 1 表示高电平，返回 0 表示低电平*/
int mygpio_getvalue(int gpio);

//函数功能：释放 GPIO 接口
void mygpio_release(int gpio);

#endif
```

源文件 mygpio.c 用于实现相关函数的具体功能。

```
#include <stdio.h>
#include <stdlib.h>
#include <string.h>
#include <unistd.h>
#include <fcntl.h>
#include "mygpio.h"
```

```c
#define PATH_GPIO      "/sys/class/gpio"
#define GPIO_EXPORT       "export"
#define GPIO_UNEXPORT      "unexport"

int mygpio_init(int gpio, enum GPIO_DIRCT dirct, int output_level)
{
 char strs[100];
 int fd, ret = 0;

// 实现操作: echo x > /sys/class/gpio/export
 sprintf(strs, "%s/%s", PATH_GPIO, GPIO_EXPORT);

 fd = open(strs, O_WRONLY);
     if (-1 == fd)
 {
     perror("open export");
     ret = -1;
     goto exit;
 }

 sprintf(strs, "%d", gpio);
 if (write(fd, strs, strlen(strs)) != strlen(strs))
 {
     perror("write export");
     ret = -2;
     goto exit;
 }
 close(fd);

 /////////////////////////////////////
// 实现操作: echo in/out > /sys/class/gpio/gpiox/direction
 sprintf(strs, "%s/gpio%d/direction", PATH_GPIO, gpio);
 fd = open(strs, O_WRONLY);
 if (-1 == fd)
 {
     perror("open direction");
     ret = -3;
     goto exit;
 }
 sprintf(strs, "%s",  dirct == OUTPUT ? "out" : "in");
 if (write(fd, strs, strlen(strs)) != strlen(strs))
 {
     perror("write direction");
     ret = -4;
     goto exit;
 }
 ////////////////////////////

 if (OUTPUT == dirct)
 {
// 实现操作: echo 0/1 > /sys/class/gpio/gpiox/value
     close(fd);
     sprintf(strs, "%s/gpio%d/value", PATH_GPIO, gpio);
     fd = open(strs, O_WRONLY);
```

```c
        if (-1 == fd)
        {
            perror("open value");
            ret = -3;
            goto exit;
        }
        sprintf(strs, "%d", output_level);
        if (write(fd, strs, strlen(strs)) != strlen(strs))
        {
            perror("write value");
            ret = -4;
            goto exit;
        }
    }

exit:
    close(fd);
    return ret;
}

int mygpio_setvalue(int gpio, int output_level)
{
    char strs[100];
    int fd, ret = 0;
// 实现操作: echo 0/1 > /sys/class/gpio/gpiox/value
    sprintf(strs, "%s/gpio%d/value", PATH_GPIO, gpio);

    fd = open(strs, O_WRONLY);
    if (-1 == fd)
    {
        perror("open value");
        ret = -1;
        goto exit;
    }

    sprintf(strs, "%d", output_level);
    if (write(fd, strs, strlen(strs)) != strlen(strs))
    {
        perror("write value");
        ret = -2;
        goto exit;
    }

exit:
    close(fd);
    return ret;
}

int mygpio_getvalue(int gpio)
{
    char strs[100];
    int fd, ret = 0;
// 实现操作: cat /sys/class/gpio/gpiox/value
    sprintf(strs, "%s/gpio%d/value", PATH_GPIO, gpio);
```

```c
fd = open(strs, O_RDONLY);
if (-1 == fd)
{
    perror("open value");
    ret = -1;
    goto exit;
}

ret = read(fd, strs, sizeof(strs));
if (0 >= ret)
{
        perror("read value");
        ret = -2;
        goto exit;
}

strs[ret] = '\0';
ret = atoi(strs);

exit:
close(fd);
return ret;
}

void mygpio_release(int gpio)
{
char strs[100];
int fd;
// 实现操作: echo x > /sys/class/gpio/unexport
sprintf(strs, "%s/%s", PATH_GPIO, GPIO_UNEXPORT);
fd = open(strs, O_WRONLY);
if (-1 == fd)
{
    perror("open unexport");
    goto exit;
}

sprintf(strs, "%d", gpio);
if (write(fd, strs, strlen(strs)) != strlen(strs))
{
    perror("write unexport");
    goto exit;
}

exit:
close(fd);
}
```

使用方法如下。

```c
#include "mygpio.h"

//初始化蜂鸣器模块所用的 GPIO 接口
mygpio_init(GPIO_BUZZER, OUTPUT, !BUZZER_ACTIVE_LEVEL);

//使蜂鸣器模块发出警报声
mygpio_setvalue(GPIO_BUZZER, BUZZER_ACTIVE_LEVEL);
```

步骤 2 I2C 封装

为了便于调用 I2C 接口功能，将 I2C 操作封装成一套函数接口。

头文件 myi2c.h 的代码如下。

```
#ifndef MYI2C_H
#define MYI2C_H

typedef unsigned char u8;

/*函数功能：打开 I2C 接口的设备文件，发出一条写操作的消息
参数 devfile 为设备文件的路径及文件名
参数 devaddr 为 I2C 设备的地址
参数 buf 用于指向存放要向 I2C 设备写入的数据的缓冲区
参数 len 为向 I2C 设备写入的数据的长度
函数执行成功则返回 0，失败则返回负数*/
int myi2c_write(const char *devfile, u8 devaddr, const u8 *buf, int len);

/*函数功能：打开 I2C 接口的设备文件，发出一条读操作的消息
参数 devfile 为设备文件的路径及文件名
参数 devaddr 为 I2C 设备的地址
参数 buf 用于指向存放从 I2C 设备读入的数据的缓冲区
参数 len 为从 I2C 设备读入的数据的长度
函数执行成功则返回 0，失败则返回负数*/
int myi2c_read(const char *devfile, u8 devaddr, u8 *buf, int len);

/*函数功能：打开 I2C 接口的设备文件，发出一条写操作的消息，并在发出停止信号后发出一条读操
作的消息
参数 devfile 为设备文件的路径及文件名
参数 devaddr 为 I2C 设备的地址
参数 wbuf 用于指向存放要向 I2C 设备写入的数据的缓冲区
参数 wlen 为向 I2C 设备写入的数据的长度
参数 rbuf 用于指向存放从 I2C 设备读入的数据的缓冲区
参数 rlen 为从 I2C 设备读入的数据的长度
函数执行成功则返回 0，失败则返回负数*/
int myi2c_write_then_read(const char *devfile, u8 devaddr, const u8 *wbuf, int
wlen, u8 *rbuf, int rlen);

#endif
```

源文件 myi2c.c 的代码如下。

```
#include <stdio.h>
#include <string.h>
#include <unistd.h>
#include <fcntl.h>
#include <sys/ioctl.h>
#include <linux/i2c.h>
#include <linux/i2c-dev.h>
#include "myi2c.h"

/*打开设备文件，获取文件描述符 */
```

```
int i2c_open(const char *devfile)
{
    int ret = open(devfile, O_RDWR);
    if (-1 == ret)
        perror("open i2c");
    return ret;
}
```

/* 从与 fd 文件描述符关联的 I2C 接口，向 devaddr 指向的 I2C 设备发出一条写操作消息，消息里
要指定写出 buf 指向的缓冲区上的 len 个字节的数据。*/

```
int i2c_write(int fd, u8 devaddr, const u8 *buf, int len)
{
    int ret = 0;

    struct i2c_msg msg = {devaddr, 0, len, (u8 *)buf};
    struct i2c_rdwr_ioctl_data data = {
        .msgs = &msg,
        .nmsgs = 1,
    };
    if (ioctl(fd, I2C_RDWR, &data) < 0)
    {
        perror("ioctl write");
        ret = -1;
        goto exit;
    }
    exit:
    return ret;
}
```

/*从与 fd 文件描述符关联的 I2C 接口，向 devaddr 指向的 I2C 设备发出一条读操作消息，消息里
要指定读出 len 个字节的数据到 buf 指向的缓冲区上。*/

```
int i2c_read(int fd, u8 devaddr, u8 *buf, int len)
{
    int ret = 0;

    struct i2c_msg msg = {devaddr, 1, len, buf};
    struct i2c_rdwr_ioctl_data data = {
        .msgs = &msg,
        .nmsgs = 1,
    };
    if (ioctl(fd, I2C_RDWR, &data) < 0)
    {
        perror("ioctl read");
        ret = -1;
        goto exit;
    }
    exit:
    return ret;
}
```

/*打开 devfile 指向的 I2C 接口，并向 devaddr 指向的 I2C 设备发出一条写操作消息，消息里要
指定写出 buf 指向的缓冲区上的 len 个字节的数据。*/

```
int myi2c_write(const char *devfile, u8 devaddr, const u8 *buf, int len)
{
```

```
        int ret = 0;
        int fd = i2c_open(devfile);
        if (fd < 0)
            return -1;

        ret = i2c_write(fd, devaddr, buf, len);
        exit:
        close(fd);
        return ret;
}
```

/*打开 devfile 指向的 I2C 接口，并向 devaddr 指向的 I2C 设备发出一条读操作消息，消息里要指定读出 len 个字节的数据到 buf 指向的缓冲区上。*/

```
    int myi2c_read(const char *devfile, u8 devaddr, u8 *buf, int len)
    {
        int ret = 0;
        int fd = i2c_open(devfile);
        if (fd < 0)
            return -1;

        ret = i2c_read(fd, devaddr, buf, len);

        exit:
        close(fd);
        return ret;

    }
```

/*打开 devfile 指向的 I2C 接口，并向 devaddr 指向的 I2C 设备发出一条写操作消息，向 I2C 设备写入 wbuf 指向的缓冲区上 wlen 个字节的数据后，发出停止信号

然后发出一条读操作消息，从 I2C 设备读入 rlen 个字节的数据并存放在 rbuf 指向的缓冲区上*/

```
    int myi2c_write_then_read(const char *devfile, u8 devaddr, const u8 *wbuf, int
wlen, u8 *rbuf, int rlen)
    {
        int ret = 0;
        int fd = i2c_open(devfile);
        if (fd < 0)
            return -1;

        if ((ret = i2c_write(fd, devaddr, wbuf, wlen)) < 0)
            goto exit;

        if ((ret = i2c_read(fd, devaddr, rbuf, rlen)) < 0)
            goto exit;

        exit:
        close(fd);
        return ret;
}
```

例如，获取 SHT30 模块的温度、湿度数据的代码如下。

```
#include "myi2c.h"

unsigned char cmd[2] = {0x2c, 0x06};
unsigned char buf[6], buf2[100];
int ret;
```

```
    ret = myi2c_write_then_read(DEVF_I2C, SHT30_ADDR, cmd, sizeof(cmd), buf,
sizeof(buf));
    …
```

步骤 3　UDP 封装

为了更容易实现 UDP 通信编程，将与 UDP 相关的操作也封装成一套函数接口。

头文件 myudp.h 的代码如下。

```
#ifndef MYUDP_H
#define MYUDP_H

/* 函数功能: 创建 UDP socket，绑定其使用的端口号
参数 port 为指定的端口号
函数执行成功则返回文件描述符，失败则返回负数 */
int myudp_init(int port);

/* 函数功能: 发出 UDP 数据包
参数 sockfd 为 UDP socket 创建成功后得到的文件描述符
参数 buf 为存放要发出的数据的缓冲区的地址
参数 buflen 为要发出的数据的长度
参数 dstip 为指定要发送到的目的 IP 地址
参数 dstport 为指定要发送到的目标端口号
函数执行成功则返回成功发出的字节数，失败则返回负数。*/
int myudp_send(int sockfd, const char *buf, int buflen, const char *dstip, int dstport);

/* 函数功能: 接收 UDP 数据包
参数 sockfd 为 UDP socket 创建成功后得到的文件描述符
参数 buf 为存放接收到的数据的缓冲区的地址
参数 buflen 为要接收的数据的长度
参数 fromip 为存放发送方的 IP 地址的缓冲区的地址
参数 fromport 为发送方的端口号
函数执行成功则返回成功接收的字节数，失败则返回负数 */
int myudp_receive(int sockfd, char *buf, int buflen, char **fromip, int *fromport);

/* 函数功能: 发出 UDP 广播数据包
参数 sockfd 为 UDP socket 创建成功后得到的文件描述符
参数 buf 为存放要发出的数据的缓冲区的地址
参数 buflen 为要发出的数据的长度
参数 broadcastaddr 为指定的广播 IP 地址
参数 dstport 为指定的广播端口号
函数执行成功则返回成功广播发出的字节数，失败则返回负数 */
int myudp_broadcast(int sockfd, const char *buf, int buflen, const char
*broadcastaddr, int dstport);

/* 函数功能: 关闭 UDP socket
参数 sockfd 为指定 UDP socket 创建成功后得到的文件描述符 */
void myudp_release(int sockfd);

#endif
```

源文件 myudp.c 的代码如下。

```c
#include <stdio.h>
#include <string.h>
#include <unistd.h>
#include <time.h>
#include <sys/socket.h>
#include <netinet/in.h>
#include <arpa/inet.h>
#include <pthread.h>
#include "myudp.h"

int myudp_init(int port)
{
    int sd;
    //创建 socket 并与网络协议栈建立联系
    sd = socket(AF_INET, SOCK_DGRAM, 0);
    if (-1 == sd) {
            perror("socket udp");
            return sd;
    }


    //启用 UDP 广播功能
    int on = 1;
    if (-1 == setsockopt(sd, SOL_SOCKET, SO_BROADCAST, &on, sizeof(on)))
    {
        perror("setting broadcast");
        goto exit;
    }
    //如果指定了要使用的端口号，则绑定该端口号。如果没有指定，则由网络协议栈自动分配端口号
    if (0 != port)
    {
        struct sockaddr_in addr = {
                AF_INET, //指定使用 IPv4 地址
                htons(port),
                INADDR_ANY};
        if (-1 == bind(sd, (struct sockaddr*)&addr, sizeof(addr)))
            {
            perror("bind");
            goto exit;
            }
    }

    return sd;
    exit:
    close(sd);
    return -1;
}

int myudp_send(int sockfd, const char *buf, int buflen, const char *dstip, int
dstport)
{
    int ret;
    struct sockaddr_in addr = {
            AF_INET,
```

```
                    htons(dstport),
                    inet_addr(dstip)};

        ret = sendto(sockfd, buf, buflen, 0, (struct sockaddr*)&addr, sizeof(addr));
        if (-1 == ret)
            perror("sendto");
        return ret;
    }


    int myudp_receive(int sockfd, char *buf, int buflen, char **fromip, int
*fromport)
    {
        struct sockaddr_in peer;
        socklen_t addrlen = sizeof(peer);
        int ret;

        ret = recvfrom(sockfd, buf, buflen, 0, (struct sockaddr*)&peer, &addrlen);
        if (-1 == ret)
        {
            perror("recvfrom");
            goto exit;
        }

        if (NULL != fromip)
            *fromip = inet_ntoa(peer.sin_addr);

        if (NULL != fromport)
            *fromport = ntohs(peer.sin_port);

        return ret;
    exit:
        return -1;

    }


    int myudp_broadcast(int sockfd, const char *buf, int buflen, const char
*broadcastaddr, int dstport)
    {
        //声明一个线程锁变量，用于限制当前函数在同一时刻只能由一个线程调用
        static pthread_mutex_t mymutex = PTHREAD_MUTEX_INITIALIZER;
        int ret;
        struct sockaddr_in addr = {
                    AF_INET, //指定使用 IPv4 地址
                    htons(dstport),
                    inet_addr(broadcastaddr)};

        pthread_mutex_lock(&mymutex); //上锁

        ret = sendto(sockfd, buf, buflen, 0, (struct sockaddr*)&addr, sizeof(addr));
        if (-1 == ret)
                perror("sendto broadcast");
```

```
        pthread_mutex_unlock(&mymutex); //解锁
        return ret;
}

void myudp_release(int sockfd)
{
        close(sockfd);
}
```

例如，发出 UDP 广播消息的代码如下。

```
#include "myudp.h"

#define BROADCAST_IP  "192.168.1.255" //广播 IP 地址
#define PORT           10086 //广播端口号

int sd = myudp_init(PORT);
myudp_broadcast(sd, "hello", 5, BROADCAST_IP, PORT);
```

步骤 4　侦测设备端代码

侦测设备端主要通过调用前文针对 GPIO 接口、I2C 接口和 UDP 等封装的操作函数，实现多线程同时侦测传感器的数据，当数据出现异常时，发出警报声并通过网络广播发出警告。

源文件 detector.c 的代码如下。

```
#include <stdio.h>
#include <string.h>
#include <stdlib.h>
#include <unistd.h>
#include <fcntl.h>
#include <sys/socket.h>
#include <netinet/in.h>
#include <pthread.h>
#include "mygpio.h"
#include "myudp.h"
#include "myi2c.h"



#define GPIO_BUZZER  26 //蜂鸣器模块由 GPIO26 控制
#define BUZZER_ACTIVE_LEVEL  0   //低电平时蜂鸣器模块响

#define GPIO_SMOG    19 //由 GPIO19 获取烟雾传感器模块的电平状态
#define SMOG_ACTIVIE_LEVEL   0  //获取到低电平时表示数据异常

#define DEVF_I2C      "/dev/i2c-1" //I2C 接口的设备文件
#define SHT30_ADDR   0x44  // SHT30 模块的地址

#define BROADCAST_IP  "192.168.1.255" //广播 IP 地址
#define PORT           10086 //广播端口号

#define MAX_TEMPERATURE 30   //当温度高于或等于 30℃时，发出异常警告
#define MIN_TEMPERATURE 10   //当温度低于或等于 10℃时，发出异常警告
```

```
static int sd;
static char *machid;
static int alarm_smog = 0;
static int alarm_temp = 0;

void *thread_smog(void *arg);
void *thread_sht30(void *arg);

int main(int argc, char *argv[])
{
    pthread_t tidsmog, tidsht30;

    /*当程序执行时，需要指定当前机器代码。在不同的开发板中运行时，需要设置不同的机器代码，
以便在侦测接收端区分具体是哪个设备发生了异常*/
    if (argc < 2)
    {
        printf("usage : %s  machine_id\n", argv[0]);
        return 1;
    }
    machid = argv[1];

    //初始化蜂鸣器模块、烟雾传感器模块所用的 GPIO 接口
    mygpio_init(GPIO_BUZZER, OUTPUT, !BUZZER_ACTIVE_LEVEL);
    mygpio_init(GPIO_SMOG, INPUT, 0);

    // 创建 UDP socket 并为其指定使用的端口号
    sd = myudp_init(PORT);
    if (-1 == sd)
        return 1;

    /*创建一个子线程，用于定时获取烟雾传感器模块的数据，数据出现异常后发出警报声并通过网
络广播发出警告*/
    if (0 != pthread_create(&tidsmog, NULL, thread_smog, NULL))
    {
        perror("pthread create");
        return 2;
    }
    /*再次创建一个子线程，用于定时获取 SHT30 模块的数据，数据出现异常后发出警报声并通过
网络广播发出警告*/
    if (0 != pthread_create(&tidsht30, NULL, thread_sht30, NULL))
    {
        perror("pthread create");
        return 3;
    }

    char buf[100], buf2[120];
    int ret;

    //主线程用于接收用户输入的通知消息，并在网络中发出消息
    while (1)
    {
        printf("input command to broadcast : \n");
        ret = read(0, buf, sizeof(buf));
```

```c
        buf[ret] = '\0';
        sprintf(buf2, "%s : %s", machid, buf);
        myudp_broadcast(sd, buf2, strlen(buf2), BROADCAST_IP, PORT);
    }



    return 0;
}

//定时获取烟雾传感器模块的数据，数据出现异常后发出警报声并通过网络广播发出警告
void *thread_smog(void *arg)
{
    char buf[100];
    const char *cmd = "Smog detection exception";
    int val;

    while (1)
    {
        //获取烟雾传感器模块的数据
        val = mygpio_getvalue(GPIO_SMOG);
        //判断数据是否异常
        if (SMOG_ACTIVIE_LEVEL == val)
        {
            sprintf(buf, "%s : %s", machid, cmd);
            //使蜂鸣器模块发出警报声
            mygpio_setvalue(GPIO_BUZZER, BUZZER_ACTIVE_LEVEL);
            alarm_smog = 1;
            //通过网络广播发出警告
            myudp_broadcast(sd, buf, strlen(buf), BROADCAST_IP, PORT);
        }
        else if (alarm_smog)
        {
            //当数据没有异常后，使蜂鸣器模块停止发出警报声
            val = mygpio_getvalue(GPIO_BUZZER);
            if (val == BUZZER_ACTIVE_LEVEL)
            {
                mygpio_setvalue(GPIO_BUZZER, !BUZZER_ACTIVE_LEVEL);
                alarm_smog = 0;
            }
        }
        usleep(200000);
    }

    return NULL;
}

/*定时获取 SHT30 模块的数据，数据出现异常时发出警报声并通过网络广播发出警告*/
void *thread_sht30(void *arg)
{
    unsigned char cmd[2] = {0x2c, 0x06};
    unsigned char buf[6], buf2[100];
    int ret;
```

227

```
        unsigned int itemp;
        float ftemp;

        while (1)
        {
                //通过 I2C 接口获取 SHT30 模块的数据
                ret = myi2c_write_then_read(DEVF_I2C, SHT30_ADDR, cmd, sizeof(cmd),
buf, sizeof(buf));
                if (-1 == ret)
                        break;

                itemp = ((buf[0]<<8) | buf[1]);//组合成温度数据
                    /*转换为实际温度*/
                ftemp = (175.0*(float)itemp/65535.0-45.0) ;// 实际温度 = -45 + 175 *item /
(2^16-1)


                //判断温度数据是否异常
                if ((ftemp >= MAX_TEMPERATURE) || (ftemp <= MIN_TEMPERATURE))
                {
                        sprintf(buf2, "%s : temperature %4.2f exception", machid, ftemp);
                        //使蜂鸣器模块发出警报声
                mygpio_setvalue(GPIO_BUZZER, BUZZER_ACTIVE_LEVEL);
                        alarm_temp = 1;
                        //通过网络广播发出警告
                        myudp_broadcast(sd, buf2, strlen(buf2), BROADCAST_IP, PORT);
                }
                        else if (alarm_temp)
                        {
                        //当数据没有异常后，使蜂鸣器模块停止发出警报声
                        ret = mygpio_getvalue(GPIO_BUZZER);
                        if (ret == BUZZER_ACTIVE_LEVEL)
                        {
                                        mygpio_setvalue(GPIO_BUZZER, !BUZZER_ACTIVE_LEVEL);
                                        alarm_temp = 0;
                        }
                }


                sleep(1);
        }

}
```

步骤 5 侦测接收端代码

侦测接收端是运行于计算机的程序，功能较为简单，一直循环等待侦测设备端通过网络
广播发出警告，并把接收到的广播消息显示给用户。

源文件 msgreceiver.c 的代码如下。

```
#include <stdio.h>
#include <unistd.h>
#include <stdlib.h>
#include <pthread.h>
#include "myudp.h"
```

```
#include <sys/socket.h>
#include <netinet/in.h>
#include <arpa/inet.h>


int main(int argc, char *argv[])
{
    char buf[100], *fromip;
    int ret, sd, fromport;

    if (argc < 3)
    {
        printf("usage : %s serverip  serverport\n", argv[0]);
        return 1;
    }

    sd = myudp_init(atoi(argv[2]));
    if (-1 == sd)
        return 1;

    while (1)
    {
        ret = myudp_receive(sd, buf, sizeof(buf), &fromip, &fromport);
        if (-1 == ret)
            break;
        buf[ret] = '\0';
        printf("received from %s:%d -> %s\n", fromip, fromport, buf);
    }

    return 0;
}
```

步骤 6　Makefile 编写

整个项目实际上是由两个程序组成的，一个是运行于开发板的侦测报警程序 detector，另一个是运行于计算机的消息接收程序 msgrcv。Makefile 的内容如下。

```
CROSS_COMPILE ?=

#detector 程序由 mygpio.c、myi2c.c、myudp.c、detector.c 组成
DETECTOR-OBJS += mygpio.o
DETECTOR-OBJS += myi2c.o
DETECTOR-OBJS += myudp.o
DETECTOR-OBJS += detector.o

#msgrcv 程序由 myudp.c、msgreceiver.c 组成
MSGRCV-OBJS += myudp.o
MSGRCV-OBJS += msgreceiver.o

LIBS += -lpthread


all : detector  msgrcv
 echo "program dector msgrcv built sucessfully"

detector : $(DETECTOR-OBJS)
 $(CROSS_COMPILE)gcc $^ -o $@ $(LIBS)
```

```
msgrcv : $(MSGRCV-OBJS)
 $(CROSS_COMPILE)gcc $^ -o $@ $(LIBS)

%.o : %.c
 $(CROSS_COMPILE)gcc $< -c -o $@ $(LIBS)

.PHONY : clean
clean:
 rm $(DETECTOR-OBJS) $(MSGRCV-OBJS) -rf
```

编译运行于开发板的 detector 程序。

```
make CROSS_COMPILE=arm-openwrt-linux- detector
```

编译运行于计算机的 msgrcv 程序。

```
make clean
make msgrcv
```

步骤 7　测试

① 参考 7.2.2 小节的方法，将 detector 程序上传至几个不同的开发板中。

② 确认传感器模块均已与开发板连接好。

③ 通过通用异步接收发送设备（Universal Asynchronous Receiver/Transmitter，UART）或 SSH 登录开发板系统，执行 detector 程序并在不同的开发板中指定不同的机器代码，例如：

```
./detector ONE
```

④ 确认计算机与开发板间的网络连通后，在计算机中执行 msgrcv 程序。

⑤ 因正常情况下，很难遇到传感器数据异常的情况，故可以用打火机向烟雾传感器模块轻喷气体，以及用手轻触 SHT30 模块，制造数据的异常情况。

【知识总结】

1. Linux 中"一切皆文件"表示在 Linux 操作系统中不管是调用设备驱动访问硬件设备，还是通过网络协议栈访问网络，与操作硬盘分区中的文本文件是一样的，使用同一套系统调用接口即可实现，这套接口叫作 VFS 编程接口。

2. VFS 编程中的 5 个基本函数是 read、write、open、close 和 ioctl。

3. 线程是进程中的执行分支，是系统进程调度的最小单位。线程属于进程的内部资源，同属一个进程的所有线程共享进程的全部资源。

4. TCP/IP 通常被分成 4 层：链路层、网络层、传输层和应用层。

5. Linux 操作系统在发出网络数据时，网络协议栈根据相关的信息生成符合 TCP/IP 分层的网络数据包，并调用网络设备驱动发出数据包。

6. 可通过命令"scp 上传程序文件名称 用户名@SSH 服务器 IP 地址:/目录名"上传程序文件到 SSH 服务器中。

7. 每个 GPIO 至少有两种功能：一种是输出功能，即可以控制此 GPIO 输出高电平（3.3V）或低电平（0V）；另一种是输入功能，即可以通过此 GPIO 获取电平状态，如是高电平（用二进制 1 表示）还是低电平（用二进制 0 表示）。

8. I2C 是飞利浦公司发明的一种硬件通信协议，也是一种硬件接口，可用于连接使用 I2C 接口的设备，并进行通信。

【知识巩固】

一、选择题

1. 对于 Linux 操作系统中的 VFS 编程，其功能的说法错误的是（　　）。

A. 调用设备驱动　　　　B. 直接调用硬件设备　　　C. 创建文件　　　　D. 读写文件

2. 在 TCP/IP 分层中，为网络通信双方的应用程序提供从端口到端口通信的是（　　）。

A. 感知层　　　　　　　B. 应用层　　　　　　　　C. 传输层　　　　　D. 以上都不是

3. I2C 设备的地址通常是（　　）位的。

A. 5　　　　　　　　　B. 6　　　　　　　　　　C. 7　　　　　　　D. 8

4. 在嵌入式 Linux 操作系统中执行"echo 20 > /sys/class/gpio/export"命令的作用是（　　）。

A. 生成 GPIO20 的接口　　　　　　　　　B. 输出 GPIO20 的电平

C. 获取 GPIO20 的电平　　　　　　　　　D. 以上都是

二、填空题

1. Linux 操作系统 VFS 的主要编程函数是_____、_____、_____、_____和_____。

2. TCP/IP 的 4 个分层是_____、_____、_____和_____。

3. UDP 是_____和_____的网络传输协议。

4. I2C 接口由两根导线组成，一根导线是_____，另一根导线是_____。

三、简答题

1. 如何理解 Linux 的"一切皆文件"？

2. ioctl 函数有什么作用？

3. 请描述 I2C 的通信过程。

【拓展任务】

请尝试为本章的项目增加侦测当前环境湿度数据的功能，如果湿度数据超出预设范围，则发出警报声并通过网络广播发出警告。

第8章

Linux物联网云服务器应用开发实战

08

【知识目标】

1. 学习物联网云服务器应用开发技术。
2. 了解 MQTT 通信协议的特点。
3. 了解嵌入式 Linux 物联网设备开发技术。
4. 了解嵌入式 Linux 开源库的移植方法。

【技能目标】

1. 掌握华为物联网云服务器应用开发技术。
2. 掌握华为物联网设备开发技术。
3. 掌握 OpenSSL 库的移植方法。
4. 掌握 paho.mqtt.c 库的移植方法。

【素养目标】

1. 培养良好的思想政治素质和职业道德。
2. 培养爱岗敬业、吃苦耐劳的品质。
3. 培养热爱学习、学以致用的作风。

【项目概述】

在第 7 章的项目实战中，完成了分布式环境侦测报警系统的开发。这个系统可通过网络发出警报，但仅限于局域网范围内。要想从外部网络访问这个系统，可以设立一个管理报警系统的服务器，

第 8 章
Linux 物联网云服务器应用开发实战
235

让服务器处理数据访问请求。但为了得到更好的数据安全性、可靠性及收益，通常采用专业的云平台搭建物联网云服务器，统一管理物联网设备并处理用户访问控制请求。本章通过在华为云平台上设立物联网云服务器的方式，统一管理基于树莓派 3B+硬件平台开发的嵌入式 Linux 物联网设备。

【思维导图】

【知识准备】

自从物联网被列为国家重点发展的战略性新兴产业后，我国的物联网产业发展得到了极大的促进。物联网的快速发展离不开由物联网与云计算技术融合而成的物联网云平台的支持，基于此，本章以华为云平台的物联网云服务器为中心，开发由云服务器统一管理的嵌入式 Linux 物联网设备，本章的项目架构如图 8-1 所示。

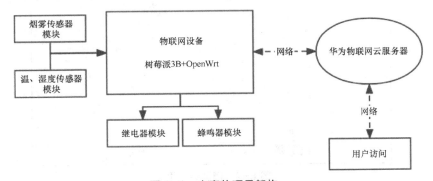

图 8-1　本章的项目架构

8.1　华为物联网云服务器搭建

V8-1　华为物联网云服务器搭建

虽然第 1 章中已经在华为云平台上实现了物联网云服务器的搭建，但本章开发的物联网设备集成的传感器模块并不适合使用之前搭建的云服务器，所以需要在物联网云平台上新定义一个物联网产品，指定此产品包含

235

哪些传感器模块的功能，并创建相关的物联网设备。

8.1.1 创建产品

登录华为云官网后，进入物联网平台的产品页面，如图 8-2 所示。

在图 8-2 所示页面的右上角单击"创建产品"按钮，进入产品创建页面，并填写产品相关信息，如图 8-3 所示。

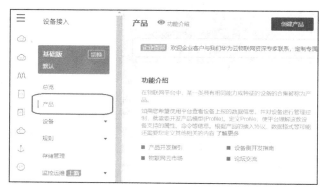

图 8-2 物联网平台的产品页面

图 8-3 填写产品相关信息

产品创建成功后，在图 8-2 所示页面中可查看创建出来的 mySmartHome 产品，单击产品名称进入模型定义页面，如图 8-4 所示。在模型定义页面中增加产品包含的与传感器模块相关的属性值，以及产品包含的与控制模块相关的控制命令。

图 8-4 模型定义页面

单击"自定义模型"按钮并在增加模型页面中增加服务 ID"SmartHome"，添加相关属性及命令，如图 8-5 所示。

其中，temperature 属性用于记录 SHT30 模块采集的温度数据；humidity 属性用于记录 SHT30 模块采集的湿度数据；concentration 属性用于记录烟雾传感器模块采集的烟雾浓度数据是否处于正常范围；relay 命令用于根据参数 OnOff 控制继电器模块的开关；buzzer 命令用于根据参数 OnOff 控制蜂鸣器模块的开关。

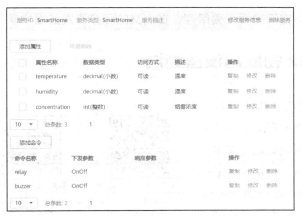

图 8-5　添加相关属性及命令

8.1.2　创建设备

每个物联网硬件设备由一个物联网云平台上的设备来描述，每个设备具有所属产品的所有属性和命令。

进入设备列表页面，如图 8-6 所示。

图 8-6　设备列表页面

在图 8-6 所示页面的右上角单击"注册设备"按钮，在设备注册页面中填写相关信息，如图 8-7 所示。

设备注册成功后，分配的设备 ID 和设置的设备密钥显示在设备创建成功页面中，如图 8-8 所示。

图 8-7　设备注册页面

图 8-8　设备创建成功页面

此设备 ID 和设备密钥需要妥善保存，在后文的程序开发过程中需要使用到。

8.2 Linux 物联网设备测试

为了让开发者能快速熟识华为云物联网应用开发，华为云官网提供了相关的开发指南和物联网设备测试程序。详情可参考https://support.huaweicloud.com/iothub/index.html，在此页面中选择下载"设备侧开发"→"使用 MQTT

V8-2　Linux 物联网设备测试 1

V8-3　Linux 物联网设备测试 2

V8-4　Linux 物联网设备测试 3

Demo 接入"→"C Demo 使用说明"中的"quickStart(c).zip"程序源码包。此程序源码包使用 MQTT 提交传感器数据至物联网云服务器，以及接收云服务器下发的命令。在开发嵌入式 Linux 物联网设备前，可在虚拟机的 Linux 操作系统中通过分析物联网设备测试程序，熟识华为物联网云平台具体的通信协议及开发技术。以下是编译测试程序的步骤。

※8.2.1　编译 OpenSSL 库源码

物联网设备可选择以加密方式与云服务器进行网络通信，而 OpenSSL 库就是提供加密功能的库。

1. 下载 OpenSSL 库源码

访问 OpenSSL 官网选择下载 openssl-1.1.1l.tar.gz，并在 Linux 操作系统中解压源码包，解压命令如下。

```
tar xf openssl-1.1.1l.tar.gz
```

2. 配置 OpenSSL 库源码

在终端执行以下命令，进入 OpenSSL 库解压后的源码目录。

```
cd openssl-1.1.1l
```

执行以下配置命令。

```
./config  -shared  -fPIC  no-asm  --prefix=/home/stu/mqtt_x86/openssl
--openssldir=/home/stu/mqtt_x86/openssl/ssl
```

OpenSSL 库配置成功后会输出相关信息，如图 8-9 所示。

```
root@stu-VirtualBox:/home/stu/hwctest/openssl-1.1.1l# ./config -shared -fPIC no-asm --
prefix=/home/stu/mqtt_x86/openssl --openssldir=/home/stu/mqtt_x86/openssl/ssl
Operating system: x86_64-whatever-linux2
Configuring OpenSSL version 1.1.1l (0x101010cfL) for linux-x86_64
Using os-specific seed configuration
Creating configdata.pm
Creating Makefile

********************************************************************
***                                                            ***
***   OpenSSL has been successfully configured                 ***
***                                                            ***
```

图 8-9　OpenSSL 库配置成功后输出的相关信息

在配置命令中，-shared 用于指定生成动态库（.so 文件）；no-asm 用于指定不生成汇编代码；-fPIC 用于指定生成与内存地址无关的动态库代码，可提高动态库的兼容性；--prefix

用于指定安装目录的路径；--openssldir 用于指定编译生成的 OpenSSL 库配置文件所在目录。

3. 编译 OpenSSL 库源码

确认配置成功后，在终端执行如下编译命令。

```
make
```

编译完成后，执行如下安装命令。

```
make install
```

在配置的安装目录/home/stu/mqtt_x86/openssl 下找到 lib 子目录，其中有生成的.so 文件。

```
libcrypto.so      libcrypto.so.1.1      libssl.so      libssl.so.1.1
```

再新建一个目录 testMqtt 将程序源码包 quickStart(c).zip 解压到其中，执行如下命令。

```
mkdir testMqtt
unzip quickStart\(c\).zip -d testMqtt
```

最后将 OpenSSL 库编译生成的.so 文件复制到 testMqtt/lib 目录下。

※8.2.2   编译 MQTT 库源码

MQTT 是一个基于客户——服务器模式的消息发布/订阅传输协议，主要应用于计算能力有限且工作在低带宽、不可靠的网络中的远程传感器和控制设备，特别适用于如智能家居、智能路灯等长时间连接物联网的应用场景。实现 MQTT 的功能库有很多，这里采用开源的paho.mqtt.c。

1. 下载 paho.mqtt.c 库源码

在 Windows 操作系统中可以通过访问 GitHub 网站中的下载地址进行下载；在 Linux 操作系统中可以通过如下 git 命令进行下载。

```
git clone https://github.com/eclipse/paho.mqtt.c.git
```

2. 编译 paho.mqtt.c 库源码

如果下载的是压缩包，则解压后通过终端进入 paho.mqtt.c-master 目录，执行如下编译命令。

```
make  CFLAGS=-I/home/stu/mqtt_x86/openssl/include LDFLAGS=-L/home/stu/mqtt_x86/
openssl/lib
```

其中，CFLAGS 用于指定编译生成的 OpenSSL 库的头文件所在目录；LDFLAGS 用于指定 OpenSSL 库的*.so 文件所在目录。

编译完成后，可以在 build/output 目录下查看到生成的.so 文件，如图 8-10 所示。

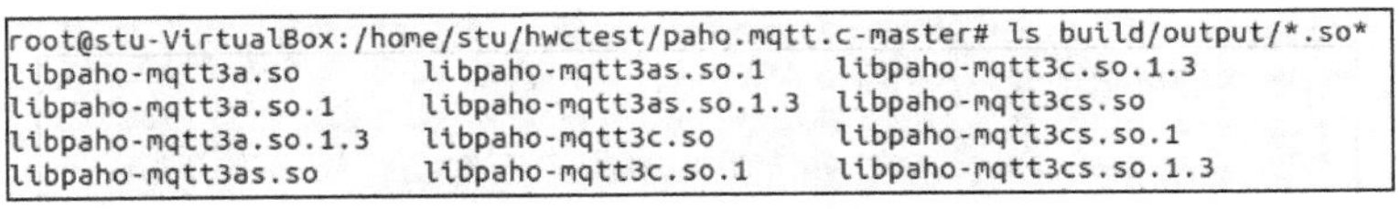

```
root@stu-VirtualBox:/home/stu/hwctest/paho.mqtt.c-master# ls build/output/*.so*
libpaho-mqtt3a.so          libpaho-mqtt3as.so.1       libpaho-mqtt3c.so.1.3
libpaho-mqtt3a.so.1        libpaho-mqtt3as.so.1.3     libpaho-mqtt3cs.so
libpaho-mqtt3a.so.1.3      libpaho-mqtt3c.so          libpaho-mqtt3cs.so.1
libpaho-mqtt3as.so         libpaho-mqtt3c.so.1        libpaho-mqtt3cs.so.1.3
```

图 8-10   生成的.so 文件

为了让测试程序能使用这些生成的.so 文件，将图 8-10 所示的.so 文件复制到 testMqtt/lib目录下，可执行如下复制命令。

```
cp build/output/*.so* /home/stu/hwctest/testMqtt/lib/
```

并将 paho.mqtt.c 库的头文件复制到 testMqtt/include/base 目录下，可执行如下复制命令。

```
cp src/MQTT*.h /home/stu/hwctest/testMqtt/include/base/
```

8.2.3　编译物联网设备测试程序

在华为云官网中下载的物联网设备测试程序并不能直接用于搭建的物联网云服务器，需要在程序源码中配置指定搭建的物联网云服务器的接入地址、端口号、设备 ID 和设备密钥等，并需要修改物联网设备向云服务器提交的设备属性值。以下是具体步骤。

1. 增加使用 libm 数学库

因为编译程序时会报与 pow 数学函数相关的错误，所以需要修改 Makefile，增加 libm 数学库的使用代码。

```
12 LIB_PATH = -L./lib -lm
```

2. 修改源码中的云服务器连接

为了适应自己设立的物联网云服务器，需要修改源码中指定的云服务器接入地址、端口号、设备 ID 和设备密钥等相关设置。打开 testMqtt/src/mqtt_c_demo.c 源文件，修改以下内容。

```
char *uri = "tcp://a15f946852.iot-mqtts.cn-north-4.myhuaweicloud.com";
int port = 1883;
char *username = "615f1adb9fff74027ddbe921_SMARTHOME0001";
char *password = "12345678";
```

其中，云服务器的接入地址及端口号可以在图 8-11 所示页面中查看到相应信息。

图 8-11　云服务器的接入地址及端口号

在设备详情页面中可以查看设备 ID 并重置设备密钥，如图 8-12 所示。

图 8-12　设备详情页面

3. 修改源码中的物联网设备的属性值

因物联网设备测试程序中指定的产品服务 ID 和设备属性并不满足本项目设立的物联网云服务器的需求，所以需要修改并提交属性值的相关源码。打开 src/mqtt_c_demo.c 源文件，修改以下内容。

```
char *payload = "{\"services\":[{\"service_id\":\"SmartHome\",\"properties\":
{\"temperature\":\"12.3\",\"humidity\":\"45.6\", \"concentration\":\"1\"}}]}";
```

其中，将产品服务 ID（service_id）指定为 SmartHome；temperature 指定为 12.3；humidity 指定为 45.6；concentration 指定为 1。

4. 编译执行物联网设备测试程序

编译程序，执行如下命令。

```
make
```

编译完成后，指定使用源码目录下 lib 目录中的动态库，执行如下命令。

```
export LD_LIBRARY_PATH=./lib/
```

执行程序，命令如下。

```
./MQTT_Demo.o
```

正常情况下，程序应成功连接云服务器，并提交相应的属性值，设备测试输出信息如图 8-13 所示。

```
root@stu-VirtualBox:/home/stu/hwctest/testMqtt# ./MQTT_Demo.o
mqtt_connect() mqttClientCreateFlag = 1.
begin to connect the server.
connect success.
mqtt_subscribe(), topic $oc/devices/615f1adb9fff74027ddbe921_SMARTHOME0001/sys/commands/#, messageId
 1
subscribe success, the messageId is 1
mqtt_publish(), the payload is {"services":[{"service_id":"SmartHome","properties":{"temperature":"1
2.3","humidity":"45.6", "concentration":"1"}}]}, the topic is $oc/devices/615f1adb9fff74027ddbe921_S
MARTHOME0001/sys/properties/report
publish success, the messageId is 2
```

图 8-13　设备测试输出信息

在设备详情页面中可以查看到云服务器接收到的相应属性值，如图 8-14 所示。

最新上报数据

temperature	humidity	concentration
12.3	45.6	1
<SmartHome>	<SmartHome>	<SmartHome>
2021/10/10 12:43:18 GMT+...	2021/10/10 12:43:18 GMT+...	2021/10/10 12:43:18 GMT+...

图 8-14　云服务器接收到的相应属性值

※8.3　嵌入式 Linux 物联网设备测试

除需要使用交叉编译器外，在嵌入式 Linux 环境下的程序开发过程基本与在计算机上的 Linux 环境下的差不多。下面基于树莓派 3B+开发板及 OpenWrt 系统交叉编译 8.2 节下载的

V8-5　嵌入式 Linux 物联网设备测试 1

V8-6　嵌入式 Linux 物联网设备测试 2

V8-7　嵌入式 Linux 物联网设备测试 3

源码，在嵌入式环境中测试物联网设备程序。

8.3.1 交叉编译 OpenSSL 库源码

OpenSSL 库的交叉编译与在计算机上编译的过程基本上是一样的，但需要指定使用的交叉编译器。因交叉编译出来的 OpenSSL 库将应用于 32 位的 OpenWrt 系统，所以 OpenSSL 库必须是 32 位的程序。以下是配置及编译的过程。

1. 配置 OpenSSL 库源码

通过终端进入 openssl-1.1.11 源码目录后，执行如下配置命令。

```
./config -shared -fPIC no-asm --cross-compile-prefix=arm-openwrt-linux-
--prefix=/home/stu/mqtt_arm/openssl --openssldir=/home/stu/mqtt_arm/openssl/ssl
```

其中，cross-compile 用于指定使用 OpenWrt 源码中的交叉编译器。

2. 编译 OpenSSL 库源码

确认配置成功后，在终端执行清除编译命令。

```
make clean
```

因 OpenSSL 库中的 Makefile 默认编译 64 位操作系统中的动态库，而开发板上执行的 OpenWrt 是 32 位的操作系统，所以需要修改 Makefile。把 Makefile 中"-m64"去掉，即去掉以下语句中的"-m64"。

```
CNF_CFLAGS=-pthread -m64
CNF_CXXFLAGS=-std=c++11 -pthread -m64
```

执行 Makefile，待编译完成后，执行安装命令。

```
make install
```

在配置的安装目录/home/stu/mqtt_arm/openssl 下找到 lib 子目录，其中有生成 OpenWrt 系统时使用的.so 文件。

```
libcrypto.so      libcrypto.so.1.1    libssl.so       libssl.so.1.1
```

再将物联网设备测试程序源码复制到新目录 testMqttArm 下，并清除 testMqttArm/lib 目录下的库，可执行如下命令。

```
cp testMqtt testMqttArm -rf
rm testMqttArm/lib/*
```

最后将 OpenSSL 库交叉编译生成的.so 文件复制到 testMqttArm/lib 目录下，可执行如下复制命令。

```
cp /home/stu/mqtt_arm/openssl/lib/*.so* /home/stu/hwctest/testMqttArm/lib/
```

8.3.2 交叉编译 MQTT 库源码

paho.mqtt.c 库的交叉编译与在计算机上编译的过程是一样的，只是需指定使用的交叉编译器和交叉编译生成的 OpenSSL 库的路径。

1. 配置 paho.mqtt.c 库源码

通过终端进入 paho.mqtt.c-master 目录，清除前文的编译命令。

```
make clean
```

Libanl 是 glibc 库中的一个异步函数名查询功能库，为了便于移植程序，可以修改 Makefile，去掉对 libanl 库的依赖使用，修改内容如下。

```
#GAI_LIB = -lanl
```

2. 交叉编译 paho.mqtt.c

执行交叉编译命令。

```
make  CC=arm-openwrt-linux-gcc  CFLAGS=-I/home/stu/mqtt_arm/openssl/include
LDFLAGS=-L/home/stu/mqtt_arm/openssl/lib
```

其中，CC 用于指定交叉编译器。

编译完成后，可以在 build/output 目录下查看生成的.so 文件。

将编译生成的.so 文件复制到物联网设备测试程序的 testMqttArm/lib 目录下，可执行如下复制命令。

```
cp build/output/*.so* /home/stu/hwctest/testMqttArm/lib/
```

8.3.3 交叉编译物联网设备测试程序

下载的物联网设备测试程序源码在指定使用的交叉编译器中编译出程序后，需要将其传输到开发板的 OpenWrt 系统中执行，并需要将程序所依赖的、交叉编译出来的 OpenSSL 库、paho.mqtt.c 库一并传输到开发板中。以下是操作过程。

1. 交叉编译物联网设备测试程序

确保源码已参考 8.2.3 节修改好连接的云服务器配置，修改 Makefile 使之编译出 32 位程序。将 Makefile 的第 1 行和第 5 行中的"-m64"去掉。清除前文的编译命令后编译并执行交叉编译命令。

```
make clean
make CC=arm-openwrt-linux-gcc CFLAGS=-I/home/stu/mqtt_arm/openssl/include
```

2. 开发板的网络连接

因开发板需要作为一个物联网设备与云服务器进行网络通信，且计算机需要通过网络上传交叉编译后生成的程序及动态库到开发板中，所以开发板与计算机需在同一个局域网内，且必须都能够连通外部网络。这种需求可使用以下两种方式实现。

① 开发板通过网线与计算机连接至同一个路由器，如图 8-15 所示。

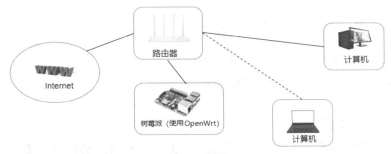

图 8-15 开发板连接方式 1

② 开发板作为一个路由器，将计算机连接到开发板上，如图 8-16 所示。

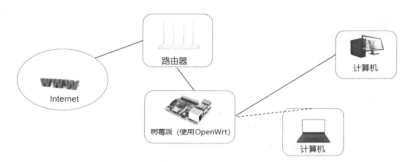

图 8-16　开发板连接方式 2

3．开发板的网络配置

在路由器与开发板连接后，通过 UART 在 minicom 上登录开发板，配置开发板的 IP 地址。使用 Vim 打开/etc/config/network 配置文件。

① 开发板获取动态 IP 地址。如果开发板连接的路由器有 DHCP 分配 IP 地址的功能，则可以把开发板设置为 DHCP 客户端，使用路由器分配的 IP 地址。配置文件 network 中关于"lan"的内容修改如下。

```
config interface 'lan'
option device 'br-lan'
option proto 'dhcp'
```

② 开发板使用静态 IP 地址。如果开发板必须使用静态的 IP 地址，则修改配置文件 network 的以下内容。

```
config interface 'lan'
option device 'br-lan'
option proto 'static'
option ipaddr '192.168.1.1'
option netmask '255.255.255.0'
```

保存配置并重新加载网络后生效，执行如下命令。

```
/etc/init.d/network reload
```

4．执行测试程序

通过 scp 命令把计算机上通过 testMqttArm 源码编译生成的 MQTT_Demo.o 程序和 lib 目录下的动态库文件上传至开发板系统的 root 目录下，通过终端进入 testMqttArm 目录后执行如下命令。

```
scp MQTT_Demo.o 192.168.199.231:/root
scp -r lib/ 192.168.199.231:/root
```

其中，192.168.199.231 为开发板的 IP 地址。

通过 UART 或 SSH 登录开发板系统，运行程序。

```
cd /root
export LD_LIBRARY_PATH=./lib/
./MQTT_Demo.o
```

在网络正常的情况下，程序应成功连接云服务器，并提交相应的属性值，可在图 8-14 所示页面中通过属性提交的时间区分最新提交的属性值和之前提交的属性值。

8.4 项目实施

综合本书所介绍的知识，在树莓派与 OpenWrt 系统上，基于华为云提供的物联网设备测试程序，增加 SHT30、烟雾传感器、继电器和蜂鸣器等模块，实现遵循华为物联网通信协议的物联网设备，如图 8-1 所示。

8.4.1 项目开发前期工作

V8-8 项目开发前期工作

在物联网项目开发中，硬件正常工作是首要条件，这里需要注意硬件的正确连接，尤其是硬件模块的电源线 V_{CC} 与 GND 的正确连接，如果连接不正确，则可能因电路短路而导致烧毁硬件，所以在硬件连接好后需再三确认。

步骤 1 硬件连接

参考图 6-12 所示开发板的 J8 接口情况，连接继电器模块、SHT30 模块、烟雾传感器模块和蜂鸣器模块。具体连接方法如下：

- 继电器模块的 V_{CC}→J8 接口的 4 脚（5V）。
- 继电器模块的 GND→J8 接口的 25 脚。
- 继电器模块的 IN →8 接口的 40 脚（GPIO21）。
- SHT30 模块的 VIN→J8 接口的 1 脚（3.3V）。
- SHT30 模块的 SDA→J8 接口的 3 脚（GPIO2，也为 SDA1）。
- SHT30 模块的 SCL→J8 接口的 5 脚（GPIO3，也为 SCL1）。
- SHT30 模块的 GND→J8 接口的 9 脚。
- 烟雾传感器模块的 V_{CC}→J8 接口的 2 脚（5V）。
- 烟雾传感器模块的 GND→J8 接口的 6 脚。
- 烟雾传感器模块的 DO→J8 接口的 35 脚（GPIO19）。
- 蜂鸣器模块的 V_{CC}→J8 接口的 17 脚（3.3V）。
- 蜂鸣器模块的 I/O→J8 接口的 37 脚（GPIO26）。
- 蜂鸣器模块的 GND→J8 接口的 39 脚。

步骤 2 硬件功能测试

硬件连接好后，需要用代码验证硬件是否可以正常工作，验证通过后方可进行下一步工作。验证硬件的代码可以使用第 7 章封装的关于 GPIO 接口和 I2C 接口的操作函数，将相关源文件和头文件复制到一个目录下，并在该目录下编写调用这些函数的测试代码，如 testhw.c。

```
#include <stdio.h>
#include <unistd.h>
#include "myi2c.h"
#include "mygpio.h"

#define I2C_DEVFILE  "/dev/i2c-1"
#define I2C_DEVADDR  0x44
```

```c
#define GPIO_RELAY    21
#define GPIO_BUZZER   26
#define GPIO_SMOG     19

int main(void)
{
    u8 rbuf[6];
    int ret, i;
    const u8 cmd[2] = {0x2c, 0x06};

    //获取SHT30模块的温度、湿度数据
    ret = myi2c_write_then_read(I2C_DEVFILE, I2C_DEVADDR, cmd, 2, rbuf, 6);
    if (ret < 0)
    {
      printf("failed\n");
      return -1;
    }
    unsigned int tem = ((rbuf[0]<<8) | rbuf[1]);//组合成温度数据
    unsigned int hum = ((rbuf[3]<<8) | rbuf[4]);//组合成湿度数据

    /*转换为实际温度*/
    float Temperature= (175.0*(float)tem/65535.0-45.0);// 实际温度 = -45 + 175
* tem / (2^16-1)
    /*转换为实际湿度*/
    float Humidity= (100.0*(float)hum/65535.0);// 实际湿度 = hum*100 / (2^16-1)
    printf("sht30 temperature: %4.2f, humidity: %4.2f\n", Temperature, Humidity);

    //通过循环控制继电器模块，每隔1s改变一次工作状态
    mygpio_init(GPIO_RELAY, OUTPUT, 0);
    for (i = 0; i < 10; i++)
    {
        //输出低电平表示电路闭合，输出高电平表示电路断开
        printf("%d relay %s\n", i, i%2?"on":"off");
        mygpio_setvalue(GPIO_RELAY, i%2);
        sleep(1);
    }
    mygpio_release(GPIO_RELAY);
    //通过循环控制蜂鸣器模块，每隔1s改变一次工作状态
    mygpio_init(GPIO_BUZZER, OUTPUT, 0);
    for (i = 0; i < 10; i++)
    {
        //输出高电平则蜂鸣器模块响，输出低电平则蜂鸣器模块停
        printf("%d buzzer %s\n", i, i%2?"off":"on");
        mygpio_setvalue(GPIO_BUZZER, i%2);
        sleep(1);
    }
    mygpio_release(GPIO_BUZZER);

    //通过循环获取烟雾传感器模块的数据，每隔1s获取一次
    mygpio_init(GPIO_SMOG, INPUT, 0);
    for (i = 0; i < 10; i++)
    {
        ret = mygpio_getvalue(GPIO_SMOG);
```

```
                //获取到高电平表示正常
                printf("smog detector : %s\n", ret ? "ok" : "exception");
                sleep(1);
        }
        mygpio_release(GPIO_SMOG);

        return 0;
}
```

编译源码的 Makefile 内容如下。

```
CROSS_COMPILE ?= arm-openwrt-linux-

TARGET := testhw

OBJS += testhw.o
OBJS += myi2c.o
OBJS += mygpio.o

LIBS +=

all : $(TARGET)

$(TARGET) : $(OBJS)
  $(CROSS_COMPILE)gcc $^  -o $@ $(LIBS)

%.o : %.c
  $(CROSS_COMPILE)gcc $< -c -o $@ $(LIBS)

.PHONY : clean
clean:
  rm $(OBJS) -rf
```

编译后，将生成的 testhw 程序上传到开发板中执行。正常情况下，可以获取到温度、湿度数据，控制继电器模块开关的闭合，以及控制蜂鸣器模块的工作和获取烟雾传感器模块的数据。

步骤 3　MQTT 通信源码分析

通过阅读华为云官网的 MQTT 使用指导了解到设备使用 MQTT 协议接入云服务器时，云服务器和设备通过 Topic 进行通信。云服务器预置了 Topic，通过这些预置的 Topic，平台和设备可以实现消息、属性、命令的交互。

1. MQTT 协议的 Topic

通常情况下，物联网设备程序中使用了以下 3 个 Topic。

① 设备上报属性值：$oc/devices/{device_id}/sys/properties/report。

② 云服务器下发命令：$oc/devices/{device_id}/sys/commands/request_id={request_id}。

③ 设备的命令响应：$oc/devices/{device_id}/sys/commands/response/request_id={request_id}。

2. 设备上报属性值的函数

在 testMqttArm/src/mqtt_c_demo.c 中已实现设备上报属性值的函数，代码如下。

```
 int mqtt_publish(const char *topic, char *payload) {
...
    int ret = MQTTAsync_sendMessage(client, topic, &pubmsg, &opts);
    if (ret != 0) {
       printf( "mqtt_publish() error, publish result %d\n", ret);
```

```
        return -1;
    }

    printf("mqtt_publish(), the payload is %s, the topic is %s \n", payload, topic);
    return opts.token;
}
```

其中，函数的 topic 参数用于区分上报的数据类型，如上报属性值；参数 payload 可用于指定上报属性值的字符串，其格式如下。

```
{"services":[{"service_id":"SmartHome","properties":{"temperature":"12.3",
"humidity":"45.6", "concentration":"1"}}]}
```

每个属性的关键字和属性值都由" "括起来，每个属性由英文逗号分隔。

3. 接收云服务器下发命令的函数

在 testMqttArm/src/mqtt_c_demo.c 中订阅命令 Topic 后，即可以接收到云服务器下发的命令。订阅命令 Topic 相关的代码如下。

```
    char *cmd_topic = combine_strings(3, "$oc/devices/", username, "/sys/
commands/#");
    ret = mqtt_subscribe(cmd_topic);
```

当云服务器下发命令时，由此函数代码接收并进行处理命令。

```
    //接收云服务器下发的命令
    int mqtt_message_arrive(void *context, char *topicName, int topicLen, MQTTAsync_
message *message) {

    printf( "mqtt_message_arrive() success, the topic is %s, the payload is %s
\n", topicName, message->payload);

    return 1;  //当前函数的返回值不能是 0,否则有可能导致不更新消息或发生不可预测的异常
    }
```

这段设备接收云服务器下发命令的处理代码仅仅用于输出相关信息，并没有对命令做出响应并将响应返回云服务器，这样会导致云服务器在下发命令时报错，所以在后文的开发中应当增加相应的命令响应处理。

8.4.2　项目开发

为了降低项目开发难度和提高开发效率，本项目沿用第 7 章中封装的关于 GPIO 接口和 I2C 接口的操作函数，并对华为云提供的物联网设备测试程序进行修改，以适配物联网云服务器的通信要求。

V8-9　项目开发 1　　V8-10　项目开发 2

步骤 1　加入封装 GPIO 接口和 I2C 接口的源文件

物联网设备测试程序可以上传设备属性值和接收云服务器下发的命令，但上报的数值并不是真实的传感器数据，所以可以在测试程序中加入第 7 章封装的关于 GPIO 接口和 I2C 接口的操作函数，将其修改为真实物联网设备的程序。

将 mygpio.c、mygpio.h、myi2c.c、myi2c.h 文件复制到 testMqttArm/src 目录下，并修改 testMqttArm 目录下的 Makefile，为其加上 myi2c 和 mygpioc 的编译。修改后的 Makefile 内容如下。

```makefile
OBJS = string_util.o mqtt_c_demo.o myi2c.o mygpio.o

myi2c.o : $(SRC_PATH)/myi2c.c
	$(CC) $(CFLAGS) -c $< -o $@
mygpio.o : $(SRC_PATH)/mygpio.c
	$(CC) $(CFLAGS) -c $< -o $@
```

步骤 2　实现上报传感器数据功能

打开 testMqttArm/src/mqtt_c_demo.c 文件，修改源码以实现每隔 1s 上报 SHT30 模块和烟雾传感器模块的数据，修改后的内容如下。

```c
#include "mygpio.h"
#include "myi2c.h"

#define I2C_DEVFILE  "/dev/i2c-1"
#define I2C_DEVADDR  0x44

#define GPIO_RELAY    21
#define GPIO_BUZZER   26
#define GPIO_SMOG     19
//省略部分代码
int main(void) {
    ...
    //要上报的数据
    char *payload = "{\"services\":[{\"service_id\":\"SmartHome\",\"properties\":
{\"temperature\":\"%4.2f\",\"humidity\":\"%4.2f\", \"concentration\":\"%d\"}}]}";
    char *report_topic = combine_strings(3, "$oc/devices/", username, "/sys/
properties/report");
    char strs[200];
    u8 rbuf[6];
    const u8 cmd[2] = {0x2c, 0x06};
    unsigned int tem, hum, val_smog;
    float Temperature, Humidity;

    //烟雾传感器模块 I/O 接口初始化
    mygpio_init(GPIO_SMOG, INPUT, 0);
    //继电器模块模块 I/O 接口初始化
    mygpio_init(GPIO_RELAY, OUTPUT, 0);
    //蜂鸣器模块模块 I/O 接口初始化
    mygpio_init(GPIO_BUZZER, OUTPUT, 0);

    while(1) {
        //获取 SHT30 模块的温度、湿度数据
        ret = myi2c_write_then_read(I2C_DEVFILE, I2C_DEVADDR, cmd, 2, rbuf, 6);
        if (ret < 0)
        {
            printf("sht30 read failed\n");
            break;
        }
        tem = ((rbuf[0]<<8) | rbuf[1]);//组合成温度数据
        hum = ((rbuf[3]<<8) | rbuf[4]);//组合成湿度数据
        /*转换为实际温度*/
        Temperature= (175.0*(float)tem/65535.0-45.0) ;
        Humidity= (100.0*(float)hum/65535.0);
```

```
                    //获取烟雾传感器模块的数据，获取到低电平表示数据出现异常
                    val_smog = !mygpio_getvalue(GPIO_SMOG);

                    //生成属性值上报格式字符串
                    sprintf(strs, payload, Temperature, Humidity, val_smog);

                    //上报设备属性值
                    ret = mqtt_publish(report_topic, strs);
                    if (ret < 0)
                    {
                            printf("publish data error, result %d\n", ret);
                            break;
                    }
                    time_sleep(1000);
            }

            return 0;
    }
```

修改完成后，执行编译命令。

```
make CC=arm-openwrt-linux-gcc CFLAGS=-I/home/stu/mqtt_arm/openssl/include
```

将生成 MQTT_Demo.o 程序上传到开发板中执行，云服务器的设备应可以接收到实际
数据。

步骤 3　响应云服务器下发的命令

修改 testMqttArm/src/mqtt_c_demo.c 源文件，根据物联网云服务器下发的命令控制蜂鸣
器模块和继电器模块的工作。修改的内容如下。

```
    #define STR_REQ "request_id="
    //接收云服务器下发的命令
    int mqtt_message_arrive(void *context, char *topicName, int topicLen, MQTTAsync_
message *message) {
        char *request_id, *cmd;
        int OnOff;

        printf( "mqtt_message_arrive() success, the topic is %s, the payload is %s
\n", topicName, message->payload);

        //不处理非下发命令相关的消息
        if (NULL == strstr(topicName, "/sys/commands"))
        return 1;

        if (strstr(message->payload, "command_name"))
        {
            cmd = strstr(message->payload, "OnOff");
            if (cmd)
            {
                OnOff = cmd[7] - '0';
                if (strstr(message->payload, "relay"))
                { //继电器模块的控制命令，高电平表示继电器模块开关闭合，低电平表示继电器模块开关断开
                        mygpio_setvalue(GPIO_RELAY, OnOff);
                }
            if (strstr(message->payload, "buzzer"))
            {//蜂鸣器模块的控制命令，低电平表示蜂鸣器模块响，高电平表示蜂鸣器模块停
```

```
                    mygpio_setvalue(GPIO_BUZZER, !OnOff);
             }
        }
    }

    //向云服务器回复命令响应，表示已接收到下发的命令
    request_id = strstr(topicName, STR_REQ);
     if (request_id)
     {
         request_id += strlen(STR_REQ);
        char *payload = "{\"result_code\": 0}";
         char topic[200];
        sprintf(topic, "$oc/devices/%s]/sys/commands/response/request_id=%s",
username, request_id);

        mqtt_publish(topic, payload);
     }
     return 1; 当前函数的返回值不能为 0,否则有可能导致不更新消息或发生不可预测的异常
    }
```

修改完成后编译程序，将其上传到开发板中执行后，可以在云服务器的命令下发页面（见图 8-17）中通过同步命令下发功能控制设备上的蜂鸣器模块和继电器模块。

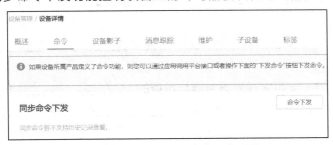

图 8-17　云服务器的命令下发页面

【知识总结】

1．OpenSSL 库是提供加密算法的开源功能库，可用于确保物联网设备与云服务器之间的通信安全。

2．开源的 paho.mqtt.c 库是一个用于实现 MQTT 通信协议的功能库，用于物联网设备与物联网云服务器间的通信。

3．开源功能库通常在编译前使用 config 命令进行配置，并生成相应的 Makefile，再通过 make 命令执行 Makefile 进行编译。

4．在执行 config 命令进行配置时，参数-shared 用于指定生成动态库，-fPIC 用于指定生成与内存地址无关的动态库代码，--prefix 用于指定安装目录的路径。

5．在执行 Makefile 时，可通过参数 CC 指定使用的交叉编译器，通过参数 CFLAGS=-I/×××/include 指定头文件路径，通过参数 LDFLAGS=-L/×××/lib 指定动态库的所在路径。

6．物联网设备通过 MQTT 协议接入物联网云服务器时，云服务器和设备通过 Topic 进

行通信，实现消息、属性、命令的交互。

【知识巩固】

一、选择题

1. OpenSSL 库的功能是提供（　　　）。

A. 加密算法　　　　B. 开放算法　　　　　C. 开放连接　　　　D. 以上都不是

2. MQTT 是一种（　　　）。

A. 功能库　　　　　B. 传输协议　　　　　C. 软件工具　　　　D. 以上都不是

3. 在执行 Makefile 时，CC 参数可用于指定（　　　）。

A. 库文件　　　　　B. 输入程序名　　　　C. 编译器　　　　　D. 以上都不是

4. 在执行 Makefile 时，prefix 参数用于指定（　　　）。

A. 编译路径　　　　B. 安装目录的路径　　C. 配置文件路径　　D. 修复路径

5. （　　　）可用于指定将源码编译为 64 位操作系统中的程序。

A. m64　　　　　　B. fPIC　　　　　　　C. shared　　　　　D. 以上都不是

二、填空题

1. 在连接华为物联网云服务器时，至少需要设置_____、_____、_____和_____。

2. MQTT 中的 Topic 可实现云服务器与设备的_____、_____和_____交互。

3. 列举本章中介绍的 MQTT 的 Topic：_____、_____和_____。

三、简答题

1. 华为云平台上的产品与设备有什么关系？

2. 嵌入式 Linux 和计算机上的 Linux 操作系统有什么区别？

3. 在物联网工程中使用云服务有什么优势？

【拓展任务】

通过学习本章后，尝试在华为云平台上增加多个设备，用于接收多个物联网设备的数据并控制这些设备。